漫画小学生心理素质训练营

抗挫能力
管理和释放压力的45个练习

[日]伊藤绘美 著　黄少安 译

化学工业出版社
·北京·

内 容 简 介

本书通过详细介绍各种压力源和压力反应，以及如何通过实际行动来管理这些压力，为小学生及其家庭提供了一种积极的方式来处理日常生活中的压力。最终目标是帮助小学生掌握一套全面的心理和行为技能，使他们能够在未来的生活中自信地面对挑战。

书中内容通过易于理解的语言和生动的漫画，被精心组织成每两页一组的格式，左页提供方法的详细说明，右页则是相对应的实践练习，带领读者一步步学习45个实用的压力应对技巧。这种结构旨在帮助读者不仅能从理论上理解压力管理，而且能通过实际操作深刻体验每一个技巧的效用。从了解"1 压力是什么"开始，建议读者按顺序逐一阅读，以达到最佳学习效果。

本书是一本实用的教育工具书，适合所有希望帮助小学生学会自我调节并有效管理压力的家庭成员和教育者参考使用。

IRASUTOBAN KODOMONO STRESS MANAGEMENT JIBUNDE JIBUNO JOZUNI TASUKERU 45NO RENSHU by Emi Ito

Copyright © Emi Ito, 2016

All rights reserved.

Original Japanese edition published by GODO-SHUPPAN Co., Ltd.

Simplified Chinese translation copyright © 2022 by Chemical Industry Press

This Traditional Chinese edition published by arrangement with GODO-SHUPPAN Co., Ltd., Tokyo, through Office Sakai and Beijing Kareka Consultation Center，Beijing

本书中文简体字版由 GODO-SHUPPAN Co., Ltd. 授权化学工业出版社独家出版发行。

北京市版权局著作权合同登记号：01-2024-3733

图书在版编目（CIP）数据

抗挫能力：管理和释放压力的 45 个练习 /（日）伊藤绘美著；黄少安译 . —北京：化学工业出版社，2024.7

（漫画小学生心理素质训练营）

ISBN 978-7-122-45701-1

Ⅰ .①抗… Ⅱ .①伊… ②黄… Ⅲ .①心理压力—心理调节—少儿读物 Ⅳ .① B842.6-49

中国国家版本馆 CIP 数据核字（2024）第 102495 号

责任编辑：马冰初	文字编辑：李锦侠
责任校对：刘 一	装帧设计：盟诺文化

出版发行：化学工业出版社（北京市东城区青年湖南街13号　邮政编码100011）

印　　装：北京新华印刷有限公司

787mm×1092mm 1/16　印张7¹/₂　字数280千字　2025年1月北京第1版第1次印刷

购书咨询：010-64518888　　　　　　　　售后服务：010-64518899

网　　址：http://www.cip.com.cn

凡购买本书，如有缺损质量问题，本社销售中心负责调换。

定　　价：49.80元　　　　　　　　　　　　　　　　版权所有　违者必究

致亲爱的读者

大家好！我从事压力管理的咨询和研究工作多年，很高兴通过这本书与你相见，希望你会喜欢。

非常感谢你在这么多书籍中选择了这本书。现在，我想分享一些阅读这本书的小建议。你有没有想过压力是什么？是否有时候感叹："啊，这就是压力啊！"

这本书将带领大家学习 45 种与压力做朋友的方法。书里的内容每两页为一组，左页讲解方法，右页是相关的练习。我建议大家从第一个方法 1 "压力是什么"开始，按顺序逐一学习，这样效果最好。

在阅读左页的讲解时，如果条件允许，大声朗读会更好。你也可以与朋友们或者兄弟姐妹一起读，如果有大人陪同，比如老师或父母，那么他们可以帮助你理解难懂的词汇。我们还准备了许多生动的漫画，让你在阅读时能更加轻松愉快。

阅读完解说之后，接下来就是右页的练习时间了。其实，通过亲自完成这些练习，你会深刻理解左页的内容，会突然明白："原来讲解的是这个意思！"这些练习需要多做几次，你会变得更擅长应对压力。

学会了这些技巧，你就会知道如何在面对压力时帮助自己，这就是我们所说的"自我解救"。就像踢足球或者弹钢琴一样，多练习就会游刃有余。

希望你能喜欢这些练习，并享受其中的过程，逐渐成长为擅长"自我解救"的小能手。

千叶大学儿童心理发展教育研究中心特聘副教授，临床心理咨询师
伊藤绘美

致家长和教育从业者

作为一名专注于压力管理的咨询师，我经常接受为烦恼所困的成年人的咨询。我深感，如果我们能在问题变得复杂之前就采取措施，那将多么有益。在咨询中，我经常鼓励成年人学习如何"自救"并将这些技巧运用到日常生活中。许多前来咨询的成年人并不擅长自我帮助，有些甚至从未尝试过。因此，我希望他们通过咨询能学会自我解救的方法，尽可能避免身陷困扰之中。掌握了这些技能，任何人都能充满活力，享受生活的每一天。

此外，我还常被邀请到各公司和学校为成年人举办"自我解救"的交流会。参加交流会的大人们，有的精力旺盛，有的则显得疲惫不堪。交流会帮助他们学会了如何有效自救。我始终认为，与其等到问题严重到需要专业咨询，不如早点学会自助技巧。此外，如果人们在成年前就学会了这些技巧，那么对他们的整个人生都大有裨益。

撰写这本书的机会对我来说非常宝贵，我希望通过它教授孩子们如何自我解救。本书所讨论的"自我解救"也可以被称为"压力管理"。在编写和设计本书时，我的目标是让孩子们在阅读和练习的过程中自然而然地掌握压力管理技能。

本书所介绍的压力管理方法主要是基于"认知行为疗法"的心理治疗方法。认知行为疗法已被科学证明在成人和儿童的抑郁症预防及压力管理方面极为有效。为了让孩子们更易理解，我避免使用复杂的专业术语。

如果可能，建议您在孩子阅读本书之前先自行阅读并亲自尝试各项练习。通过亲身实践这 45 个练习，您不仅能够深刻理解自我解救和有效应对压力的方法，还能帮助孩子更积极地参与这些练习。

认知行为疗法强调练习的重要性，可以看作是一种"心理健身"。如同体育锻炼一样，心理健身也需要持续练习才能见效。我们不需要急于一次完成所有练习。采用"一步一个脚印"的方法，逐步与孩子一起完成练习，并让这些方法成为他们日常生活的一部分。这样的过程可能需要一年或更长时间，这是完全可以接受的。细水长流地完成这些练习，效果会更佳。同时，陪伴孩子完成练习的过程对大人而言也是一次复习和提升的机会，可以帮助您进一步提升自己的压力管理能力。

我真诚地希望这本书能帮助培养孩子们在这个复杂社会中生存的技能，并帮助大人们提高自己的压力管理技能，使生活不再受压力的困扰。

千叶大学儿童心理发展教育研究中心特聘副教授，临床心理咨询师
伊藤绘美

目录

第 1 章　压力和压力源

1　"压力"是什么 ……………………………………… 2

2　与压力好好相处 ………………………………… 4

3　"压力源"是什么 ……………………………… 6

4　时时刻刻意识到当下的压力源 ………………… 8

5　将压力源写下来或讲给他人听 ……………… 10

第 2 章　时刻注意我们的压力反应吧

6　"压力反应"是什么 ………………………… 14

7　注意出现在头脑中的压力反应 ……………… 16

8　注意表现在心情或感情上的压力反应 ……… 18

9　注意表现在身体上的压力反应 ……………… 20

10　注意表现在行为上的压力反应 …………… 22

11　时时刻刻意识到自己的压力反应 ………… 24

12　掌握"正念"思维 ………………………… 26

13　将压力反应写下来或讲给他人听 ………… 28

第 3 章　寻找能够援助自己的人和物

14　理解"援助"的必要性 …………………… 32

15 确认并增加能够援助自己的人 ················· 34

16 想象能给予自己援助的人或物 ············· 36

第4章 压力应对技巧

17 "应对技巧"是什么 ················· 40

18 到目前为止的所有练习都是应对技巧 ········ 42

19 写出自己现在已经掌握的应对技巧并确认 ··· 44

20 "假想与想象上的应对技巧"是什么 ········ 46

第5章 增加假想与想象上的应对技巧吧

21 在头脑中安慰自己 ················· 50

22 在头脑中激励自己 ················· 52

23 在头脑中表扬自己 ················· 54

24 在脑海中捡起美好的回忆 ············· 56

25 在脑海中制订快乐的计划 ············· 58

26 让脑海中浮现喜欢的人和风景 ··········· 60

第6章 掌握更多行为与身体上的应对技巧吧

27 "行为与身体上的应对技巧"是什么 ········ 64

28 在纸上写出压力源与压力反应 ··········· 66

29 解决问题 ················· 68

30 找人倾诉、寻求他人帮助 ············· 70

31 做你喜欢的、能让你感到开心的事情 ········ 72

32　掌握呼吸法 ・・・・・・・・・・・・・・・・・・・・・・・・ 74

33　品尝喜欢的美食 ・・・・・・・・・・・・・・・・・・・・ 76

34　与玩偶拥抱、聊天 ・・・・・・・・・・・・・・・・・ 78

35　试着将纸巾或废纸撕碎 ・・・・・・・・・・・・・ 80

36　绘画、涂鸦、制作手工艺品 ・・・・・・・・・ 82

37　闻各种东西的气味 ・・・・・・・・・・・・・・・・・ 84

38　抚摸各种各样的物品 ・・・・・・・・・・・・・・・ 86

39　蜷缩在毛毯里让自己安心 ・・・・・・・・・・・ 88

40　听喜欢的音乐、唱歌 ・・・・・・・・・・・・・・・ 90

41　试着想哭就哭，想笑就笑 ・・・・・・・・・・・ 92

第7章　与人谈论压力应对技巧

42　将自己的压力应对技巧说给他人听 ・・・・・・ 96

43　听他人讲述他们的压力应对技巧 ・・・・・・・ 98

第8章　使用应对技巧与压力好好相处吧

44　温习"压力管理" ・・・・・・・・・・・・・・・・・・・102

45　与自己约定，从今往后也要一直好好地与压力

　　相处 ・・・・・・・・・・・・・・・・・・・・・・・・・・・・・104

后记 ・・・・・・・・・・・・・・・・・・・・・・・・・・・・・・・・・106

附录1：各项训练的任务与目标 ・・・・・・・・・・・108

附录2：压力外在化用表 ・・・・・・・・・・・・・・・・110

第 1 章

压力和压力源

1 "压力"是什么

你听说过"压力"这个词吗？其实"压力"这个词在我们生活中经常被提到。

这本书的目的，就是让大家更加深刻地理解"压力"，并学会如何在日常生活中与压力更好地相处。

形象点来说，压力可以看作是我们生活中一件件重重的行李，它来自生活的方方面面，最后被交到我们手里。

如果这件行李很轻，那么我们可以轻松地将其运走，可如果很重呢？即使一件行李很轻，但一件接一件不停地交到我们手上呢？我们一定会难以承受。我们的双手明明已经抱满了行李，可这时却还有行李被陆续放到我们身上，我们一定束手无策吧。

现在，我们先试着将压力想象成具体的、外界交给我们的行李。

可不能弄掉了…

将压力想象成行李

①你双手空空，这时一件小行李"嘭"地被扔到你的手上，你会是什么感觉？

①你一只手拎着一个大大的袋子，这时一件小行李"嘭"地被扔进袋子，你会是什么感觉？

③你背着一个装满重物的双肩包，这时一件需要你双手怀抱的又大又重的行李"咚"地砸在你的手上，你会是什么感觉？

④你的双手已经抱满了行李，这时一件又一件大大的行李还在不停地继续往上堆，你会是什么感觉？

怎么样？

即使将压力想象成"行李"，情况不同，你的感受也会不一样，对吗？

这个也拜托啦！

3

2 与压力好好相处

双手空空的时候，被递过来一件又小又轻的行李，我们并不会感到辛苦，并且能一直拿着。但如果你无法承受的重物"哐当"一下砸到你的手上，或者你已经背着装满重物的背包，这时又在你的背包上压了一件重重的行李，一般来说，我们就无法一直拿着这些行李了。

哪怕是小行李，一件一件不停地叠加，也一定会有我们拿不下的一天。

压力就和这些行李一模一样，小小的压力我们尚可以承受，但过于重大的压力我们便无法承受了。或者哪怕只是一个个小的压力，它们不断积攒、再积攒，也终会让我们再也承受不起。

那么，重要的是，该如何应对这些小行李（＝压力）呢。我们可以将大行李分解成小行李，只拿我们拿得起的行李。那些拿不了的大行李，我们要学会拒绝，或者寻求他人的帮助，让其他人来帮我们拿。

与压力好好相处就是如此。

练习 **想象减轻行李的方法**

场　　合	你想象的方法
①你两手抱着大大小小的 10 件行李，它们很重，让你感到有些辛苦。周围谁也不在。	
②你两手抱着大大小小的 10 件行李，它们很重，让你感到有些辛苦。周围还有其他人在。	
③你两手抱满了行李，已经再也抱不下了。这时有人还想让你多拿几件行李。	
④你正想着"今天已经很累了，一件行李也不想拿了"，这时又有人来拜托你："能不能帮我拿一下这件行李呀？"	
⑤你正背着一个重重的双肩包艰难前行，突然又有两个重重的手提袋被交到你的手上，并且此时你身边没有任何人走过。	

不好意思！

您能帮帮我吗？

3 "压力源"是什么

我们可以从"压力源"与"压力反应"两个方面去理解压力。

前文中我们将压力看作是"被交到自己手上的行李",按照这个比喻,压力源就是这些行李本身。虽然都是行李,但行李的种类有很多,大的、小的、重的、轻的、好拿的、不好拿的……简言之,压力源就是我们能感知到的各种各样的刺激。

生活中,我们能遇到各种各样的刺激。比如太热了、太冷了、下雨了、停电了、作业太多了、被朋友孤立了、被谁搭讪了、电车停了、红灯亮了、被妈妈唠叨了、被爸爸批评了、肚子疼了……

或许有人会认为"那世间万物都是压力源咯"?其实也可以这样认为。从早晨起床到晚上睡觉,我们都在遇见压力源,感受压力源。

想象被交到自己手中的行李

①发挥想象力，在下面空白处写出或画出你能想到的各种各样的"行李"吧！

②"行李"这一压力源，不会找你方便的时候到来，它随时都有可能降临。试着写出你今天遇到的 3 个压力源吧！

怎么样？

压力源不仅仅是指"不好的事情"，"被表扬了""朋友送我礼物了"这些刺激也算是难得的压力源。

4 时时刻刻意识到当下的压力源

大多数情况下，压力源往往是"令你感到不适的刺激""让你感到有负担的刺激"，比如"被老师批评了"等，但像"朋友给我送了礼物"这样令你高兴或其他不那么让你感到讨厌的事情同样也是压力源。

简言之，就是我们在生活中所经历的，都能成为压力源。

于我们来说，重要的就是"时时刻刻"意识到这些压力源。不要过后才想到"啊，之前经历的那件事就是我的压力源"，而是意识到当下正在经历的、眼前正在发生的事情就是压力源。如果能够第一时间意识到，也就能更及时、更容易地去应对这个压力源。

用先前的比喻来说，如果第一时间意识到了行李太重，我们就能马上想办法减轻行李的重量，或者找人帮自己分担。因此，试着时时刻刻对自己提问："现在的我，正肩负着怎样的压力源呢？"

啊！

①试着问问此时的自己："现在的我，正肩负着怎样的压力源呢？"将你能想到的全都写在下方空栏中吧。

②在日常生活中，也要养成习惯，经常问问自己："现在的我，正经历着怎样的压力源呢？"

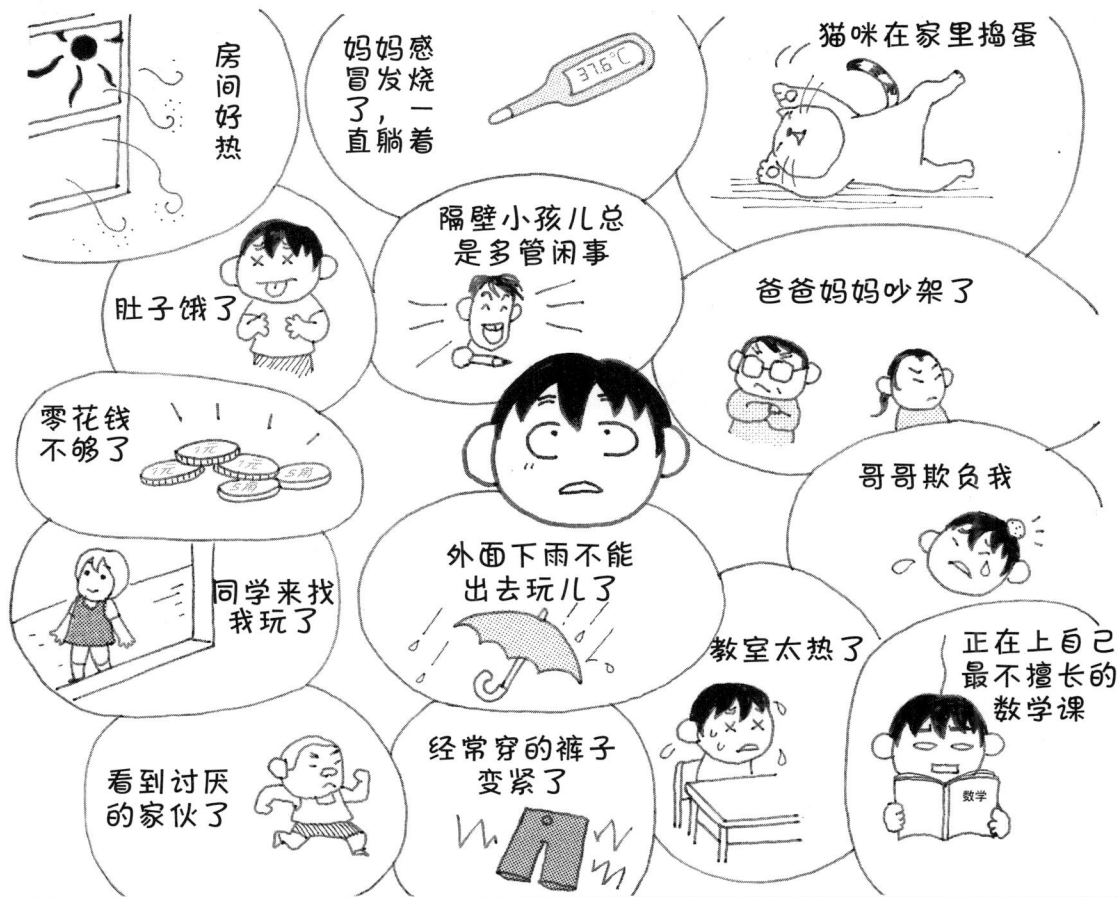

房间好热

妈妈感冒发烧了，一直躺着

猫咪在家里捣蛋

肚子饿了

隔壁小孩儿总是多管闲事

爸爸妈妈吵架了

零花钱不够了

哥哥欺负我

同学来找我玩了

外面下雨不能出去玩儿了

教室太热了

正在上自己最不擅长的数学课

看到讨厌的家伙了

经常穿的裤子变紧了

5 将压力源写下来或讲给他人听

如果意识到了当下的压力源，就能够把它们写在纸上，或讲给身边的人听。写在纸上、向他人诉说，这在心理学上被称作"外在化"（从内心向外表达出来）。各种心理学研究证明，将压力源向外表达出来，具有减轻压力这一"行李"的效果。

我们的首要任务是要学会时时刻刻意识到眼前的压力源（如果意识不到，就无法将其外在化）。紧接着我们要做的就是将其写在纸上或向某人倾诉出来，以此将其外在化。

生活中，我们每天都会遇到各种各样的压力源。如此一来，每天总有一些事情值得我们去写、去表达、去将其外在化。哪怕花一点点时间也好，试着将你在一天中意识到的压力源用纸笔记下来，或者向他人诉说吧。

写出压力源并讲给他人听

①这一周内，你都遇到了哪些、怎样的压力源？将你所想到的尽数写在下方空栏中吧！

②试着将你写下的压力源倾诉给他人吧！倾诉时可以试着先说："我现在心里有这样几个压力来源。"听你倾诉的人也会感受到"啊……这样啊""欸……原来如此"，然后会耐心地听你讲完。

第 2 章

时刻注意我们的
压力反应吧

6 "压力反应"是什么

前文中讲到关于压力，可以从"压力源"和"压力反应"两个方面去考虑。这一节将和大家说明什么是"压力反应"。

所谓压力反应，可以看作是当别人把行李（压力源）交到你手上时，你产生的各种各样的反应（感受）。比如，觉得开心、觉得痛苦、觉得"这么点东西拿就拿着吧"、觉得"这也太重了，我拿不了"，或者因为行李很轻所以身体尚可以轻松承受，或者因为行李太重导致身体疲惫不堪，或者因为拿到行李很开心忍不住跳了起来，或者因为拿着行李走路导致步伐都变慢了，或者一不留神将行李掉了下来，或者把行李扔给了别人……这些都是压力反应。行李各种各样，每个人拿到行李时的反应也各种各样。

跟上述情况一样，面对各种各样不同的压力源所产生的各种各样不同的反应，就叫作"压力反应"。

开心

难受

太重了搬不动

太轻松了

这么一点儿行李就拿着吧

手都酸了

把这个扔给别人拿着吧

练习 **想象别人给你行李时，你可能会产生的反应**

场　合	你所想象的反应
①当别人送给你一个包装可爱（或者帅气）的盒子作为"礼物"时	
②当陌生人给你一个包裹并跟你说"帮我拿一下这个包裹，就 5 分钟"时	
③当你背着重重的双肩包，朋友过来递给你一个不算重的行李并跟你说"帮我稍微保管一会儿这个东西吧"时	
④当你背着重重的双肩包，朋友过来递给你一个 10 千克的哑铃并跟你说"帮我稍微保管一会儿这个东西吧"时	
⑤当一个不认识的大人突然递给你一件大大的行李并凶神恶煞地跟你说"小家伙，把这个拿着"时	
⑥当从天而降一个漂亮的天使，给了你一个精致小巧的盒子并对你说"这个给你，但在你成年之前，绝对不许打开看里面的东西"时	

10
千克

7　注意出现在头脑中的压力反应

压力反应会出现在各个方面，大致可以将其分为以下4类：

① 出现在头脑中的压力反应；

② 表现在心情或感情上的压力反应；

③ 表现在身体上的压力反应；

④ 表现在行为上的压力反应。

我们所有的反应（不仅指压力反应）基本都可以从这4个方面去考虑。

（1）出现在头脑中的压力反应

当我们受到压力源的刺激时，脑海中会出现各种各样的想法，浮现出各种各样的想象。这些想法或想象有时会很强烈，有时也许只是若隐若现。

练习 体验压力反应（头脑篇）

① 和朋友约好时间见面，时间到了朋友却没有准时赴约，这时你会怎么想？将你想到的写在下方空白框中。（自己遇到的压力源）

出什么事了吗？有些担心呀。

太过分了！

头脑中产生的压力反应

上次我也迟到了15分钟，这下算扯平了。

反正他也不在乎我等多久。

下次得让他请我吃饭呀！

如果再等10分钟还不来我就回去吧。

唉，算了吧。

② 同桌因为忘记写作业被老师狠狠地批评了一顿，这时你会怎么想？将你想到的写在下方空白框中。（自己遇到的压力源）

我以后可千万不能忘记写作业呀！

他好可怜啊！

头脑中产生的压力反应

这个老师生起气来好可怕呀！

唉！谁叫他忘记写作业的。

好吓人呀，原来忘记写作业会被批评得这么惨呀！

8 注意表现在心情或感情上的压力反应

（2）表现在心情或感情上的压力反应

"心情或感情"是指内心感受到的、出现在心理上而非大脑中的一种"情绪"。人的情绪分很多种。比如：

紧张	喜悦	激动	兴奋	快乐	担心	冷静
不快	焦躁	悲伤	兴高采烈	遗憾	惦念	有干劲儿	忧郁
烦躁	有趣			不安	痛苦	想哭
怀念	爽快	沮丧	愉快	放松	开心	
不可思议	孤单	惊讶	心情好	害怕	愤怒	幸福	放弃
焦急	感到清静	惴惴不安	难受	震惊	不好的预感	恶心

像上面这样，心情和感情既有积极正面的（即好的情绪），也有消极负面的（即不好的情绪），也有些不好不坏属于中性的。

我们每天都会经历各种各样好的或不好的情绪，而作为压力反应出现的，更多时候是那些不好的、令人讨厌的情绪。

自己遇到的压力源	你会产生怎样的心情或感情
①排队结账时被人插队了。	
②早上醒来时发现早已错过了去学校的时间（睡懒觉起晚了）。	
③生日时收到了一直很想要的礼物。	
④生日时没有收到任何礼物，甚至没有人跟你说一句"生日快乐"。	
⑤被朋友们排挤了。	
⑥朋友跟你说起另一个朋友的坏话，你不得不听着。	
⑦学校马上要组织流感疫苗接种了。	
⑧爸爸妈妈在讨论关于你的事情，好像快吵起来了。	

9 注意表现在身体上的压力反应

（3）表现在身体上的压力反应

压力源也会给我们的身体带来各种各样的影响。其实不只是压力反应，我们的身体本来就会发生许许多多的反应。

肚子叫　发胖　觉得冷　皮肤粗糙　没有食欲　头皮发痒　流鼻涕

放屁　肚子饿　想大便　大脑一片空白　牙痛

呼吸不畅　打喷嚏

发热　手脚发麻　眼睛痒

流口水　腹痛　胃痛

耳鸣　便秘

头痛　打哈欠

想吐

想小便　心跳过速　犯困　抽筋　肩膀酸

腰痛

头晕　后背僵硬　消瘦　咳嗽　腋下出汗　后背发痒　失眠

和心情、感情一样，作为压力反应出现的身体反应，相对来说，消极、不好的反应会更多一些。

体验压力反应（身体篇）

自己遇到的压力源	你的身体会发生怎样的反应
①忘记吃早餐就去上学了，现在过了上午 11 点。	
②昨晚失眠，睡眠不足的你去了学校，第三节课的内容很无聊。	
③今天天气很冷，忘记穿外套的你，糊里糊涂地就出门了。	
④被家人传染了感冒。	
⑤ 30℃以上的高温天气里，你不得不顶着直射的大太阳出门办些事情。	
⑥手臂被蚊子咬了一个包。	
⑦课间休息时忘记上厕所，上课时憋不住了。	

10 注意表现在行为上的压力反应

（4）表现在行为上的压力反应

所谓行为是指"其他人能看出来一个人外显的行为或举止"。我们每个人每天都在做出各种各样的行为。

穿衣服　跟某人打招呼　坐下　上厕所　擤鼻涕　握手　看电视

听他人说话　吸鼻子　生气　拍打某人后背　脱衣服　睁眼　唱歌

洗手　穿鞋　哭泣

刷牙　泡澡　漱口　写字　说话　计算　闭眼　淋浴

听音乐　捡东西　读书　笑　扔东西　走路　站立　进被窝

当我们面对压力源时，我们采取了怎样的行为，意识到这些行为极为重要。比如，"找朋友说话，朋友没有理我"，当我们面对这一压力源时，有的人会选择再跟他说一次，有的人则会选择跟他生气地说："不要无视我说话！"，还有的人会选择悄悄走掉，不再跟他说话，又或者选择跟其他人抱怨："那家伙太可恶了，跟他说话他都不理我。"

面对同一个压力源，不同的人在不同的情况下，都有可能出现不同的表现在行为上的压力反应。

体验压力反应（行为篇）

来，这是给你的糖果。

自己遇到的压力源	你会做出怎样的行为
①突然发生地震，教室开始摇晃。	
②上完厕所突然发现没有卫生纸了。	
③陌生人给了你一颗糖。	
④听朋友议论别人。	
⑤朋友对你说："我们一起不理那家伙吧！"	
⑥爸爸妈妈跟你说："再不努力学习，就减少你的零花钱。"	
⑦你养了很久的感情很深的宠物死掉了。	
⑧考试没有发挥好，考了一个很糟糕的成绩。	

11 时时刻刻意识到自己的压力反应

① 出现在头脑中的压力反应。

② 表现在心情或感情上的压力反应。

③ 表现在身体上的压力反应。

④ 表现在行为上的压力反应。

现在你理解上面 4 种压力反应是什么了吗？其实，这 4 种压力反应并不一定是分别发生的，而有可能是同时发生或相继发生的。

比如，面对"睡过头了"这一压力源：①你头脑中可能首先会想"糟了！要迟到了！没时间吃早饭了"；②然后会产生"着急""慌张"这类情绪；③然后发生"大脑充血""心跳加速"等身体反应；④最后采取"赶紧穿衣服慌慌忙忙地出门"这样的行动。

面对"听到令人悲伤的消息"这一压力源：①你头脑中可能首先会想"要是没人告诉我这个消息就好了"；②然后会产生"伤心""难过"这类情绪；③然后发生"全身无力""脸色发白"等身体反应；④最后做出"放声大哭"的行为。

这 4 个要素会相互影响。

像这样，如果我们能时时刻刻意识到自己从大脑、心理，到身体、行为都发生了怎样的压力反应，会非常有助于我们管理压力，与压力相处。

慌慌张张

练习 体验压力反应（整体篇）

以下图为参考，一边想着"出现在头脑中的压力反应""表现在心情或感情上的压力反应""表现在身体上的压力反应""表现在行为上的压力反应"这 4 种反应在相互影响，一边去想象自己在面对下述压力源时，可能会产生怎样的压力反应（从大脑、心情和感情、身体、行为四个方面整体想象）。

① 雨天走在路上，一辆汽车飞驰而过，溅了你一身水。

② 走在路上和陌生人擦肩而过，对方看了你一眼，不屑地发出"切"的一声。

③ 期待了很久的郊游，当天早上却下起了倾盆大雨。

④ 去学校忘带了东西，老师当着全班同学的面批评了你。

⑤ 这次考试分数很糟糕，爸爸妈妈说："把卷子拿出来看看。"

自己产生的压力反应

| 头脑中的想法和想象 | 心情和感情 |
| 身体反应 | 行为 |

12 掌握"正念"思维

　　为了更好地与压力相处，掌握"正念"这一思维与态度非常有益。"正念"这一概念如今在世界范围内都十分具有影响力。所谓正念，最通俗易懂的表达是"集中注意力去感受"。对于自己身上发生的各种反应，不去评价它们是好还是坏，只是用心去感受"嗯——""原来是这样——"这就是"正念"思维。

　　简单来说，就是当自己身上出现了各种各样的感受时，不要去想这种感受是"好的"还是"坏的"，是"令人喜欢的"还是"令人讨厌的"，更不要去想"有这种感受是不是不行"，你只管去接受、接纳它们——"啊，我现在有这种感受呀"。

　　但这做起来并没有说起来那么简单。压力基本上都来自一些令你不愉快的事情，对于令你不愉快的事情，生而为人，我们本能地都会出现一些不好的想法、不好的情绪，身体也会出现一些不好的反应，我们甚至还会采取一些不好的行动。这些都是人的本能。

　　不要去想"这些感觉好讨厌呀""我不能这样"，而是去感知这些感受、去接纳它们。"嗯，我现在很悲伤""嗯，我，现在，有些生气""嗯，我，现在，肚子饿了"……这就是"正念"的含义。

自然而然地接纳压力反应

当你意识到自己的压力反应后，试着问问自己下面的问题。

① 现在，你的脑海中浮现了怎样的想法或想象？

你只需要去接受你所想的。"嗯，我现在正在这样想。""嗯，我现在脑海中有这样的想象。"

② 现在，你是怎样的心情？

"啊，我现在，特别焦虑。""欸？我现在，好像冷静下来了。""啊，我好像越来越生气了，火上来了。"你尽管去接纳自己的全部情绪。

③ 现在，你的身体发生了怎样的反应？

"啊，嗓子好干呀。""心跳好像越来越快了。""啊，想去上厕所了。"当身体有了这些反应的时候，不需要忍着，去接受它们，接受自己的身体有这些反应。当你想去上厕所的时候，就去上厕所吧！

④ 现在，你正在做出怎样的行为？

"啊，我现在正在走路。""啊，我现在正在吸气。""我现在正在吞下我刚刚吃进嘴里的食物。""我现在正在为了泡澡脱下衣服。"你尽管去接受你的全部行为，去用心感受它们。

现在，我正在上厕所。

13 将压力反应写下来或讲给他人听

压力反应各种各样，像面对"压力源"一样，我们也可以将自己的"压力反应"写在纸上或讲给他人听。也就是前文说过的"外在化"。将压力源和压力反应表达出来，就跟卸下身上沉重的行李一样，可以让我们的身心都变得轻松起来。

首先，最重要的就是时时刻刻意识到我们当下身心所产生的压力反应。接着，就是将他们写在纸上或讲给他人听，把它们表达出来。我们日常生活中的每一天都会遇到形形色色的压力源，与其相对应的压力反应也五花八门。因此，你每天能够表达出来的东西其实有很多。

每天花一点点时间，试着把当天的压力反应写下来。如果身边正好有可以说话的人，就把你的压力反应说给他听吧！

练习 写出压力反应并讲给他人听

①这一周内，你都经历了哪些、怎样的压力源？面对这些压力源，你又产生了哪些压力反应？将你能想到的尽数写在下方空栏中吧！

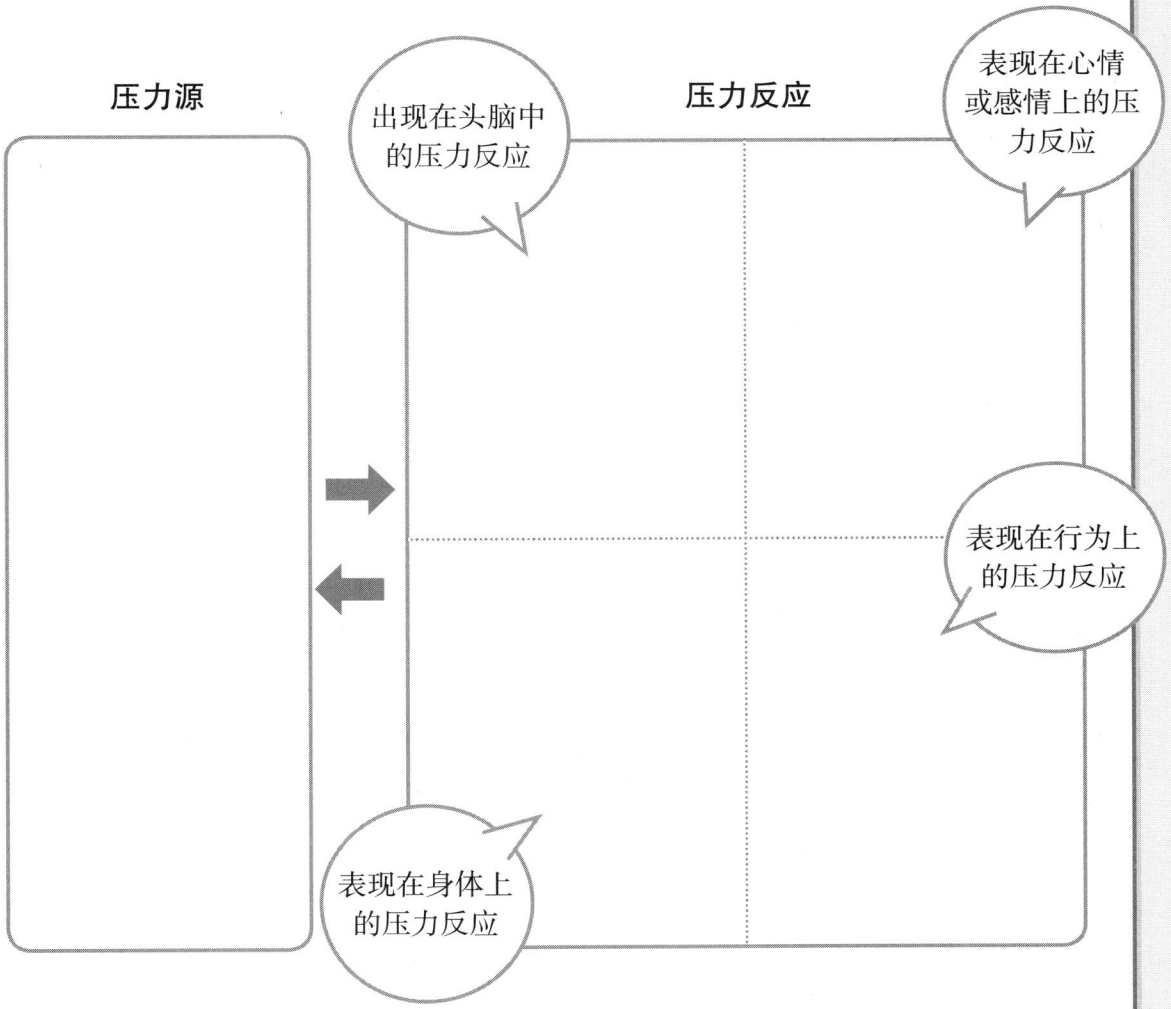

压力源

压力反应

出现在头脑中的压力反应

表现在心情或感情上的压力反应

表现在行为上的压力反应

表现在身体上的压力反应

②找人说一说你写下的压力源与压力反应吧！可以试着先说"我现在遇到了这样几个压力源"，接着说与每个压力源所对应的压力反应。听你诉说的人也会感受到"啊……这样啊""欸……原来如此"，然后耐心地听你讲完。

第 3 章

寻找能够援助自己的人和物

14 理解"援助"的必要性

所谓"与自己的压力友好相处",换句话说,就是"有效地自己解救自己"。人只要活着,总会有压力(压力源与压力反应)。正是因为如此,我们才更要学会如何与压力相处,如何及时地解救自己。

想要很好地应对压力,其中很重要的一点就是借助身边其他人的力量,比如"找某人商量、咨询""请某人帮忙"等,这些在心理学上叫作"援助"。

我们每个人都不是自己孤独地活在这个世界上,而是与其他人在这个社会上共生、共存。因此,"应对压力"也不需要只是自己一个人孤军奋战,我们可以适当地接受他人的"援助"。

①明确自己的压力源与压力反应。

班上的K同学总是欺负我,太讨厌了。

②在纸上写出3名以上可能愿意倾听自己诉说压力的人。

M同学、医务室的老师、妈妈、哥哥

③选择你认为排名第一的人去跟他倾诉。

我可以跟你说一些事吗?

嗯?

你怎么啦?

掌握寻求援助的要领

① 首先要明确自己现在为什么感到困扰（即明确自己的压力源与压力反应）。

② 想出至少 3 名可能愿意倾听你诉说、或许能够给予你建议、有可能帮助你的人，将他们的名字写在纸上，并为他们排序。

③ 去排序中第一顺位的人那里，跟他说："我最近有些烦恼，可以找你商量一下吗？"

④ 如果对方说"好呀"，则跟他说一说①中你已经明确的烦恼。

⑤ 如果对方说"不行"，不要气馁，继续找排序中第二的人、第三的人，去寻求他们的援助。

⑥ 如果得到了他们的援助，记得一定要跟他们表示感谢："你帮了我一个大忙，这次太感谢你了。"并且问一问他们："如果我下次还有什么烦恼，能再来找你商量吗？"

④如果对方说"好呀"，那么就开始倾诉。

K同学总是说我声音奇怪，我可难受了。

我们去跟老师说一说吧！

老师，K同学他总是……

怎么啦？

老师去批评教育K同学。

好知道了……

K同学不再欺负我。

⑤如果你选择的第一个人没能答应你的请求，则继续找下一个人商量。

医务室的老师

⑥向接受了你谈话请求的人表示感谢。

真好啊！

问题解决了，谢谢！

15 确认并增加能够援助自己的人

现在，在你身边，有没有能够在你需要时援助你的人呢？

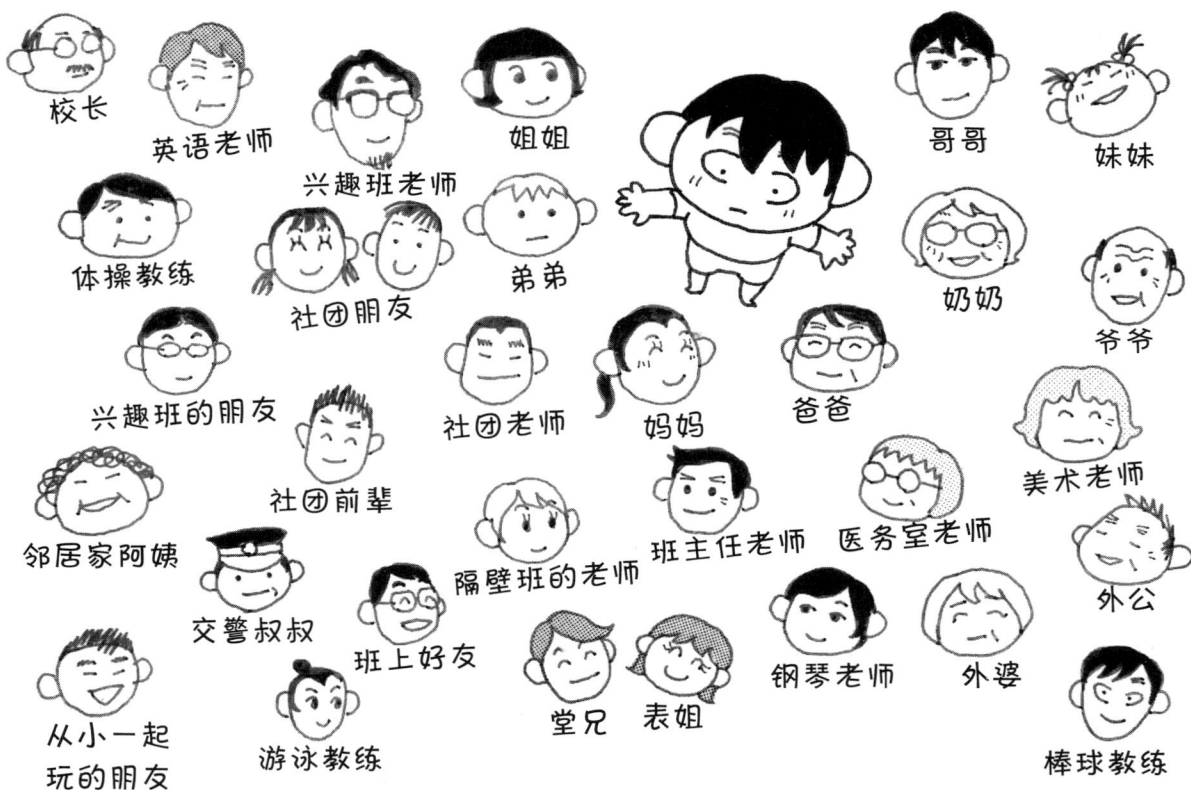

校长
英语老师
兴趣班老师
姐姐
哥哥
妹妹
体操教练
社团朋友
弟弟
奶奶
爷爷
兴趣班的朋友
社团老师
妈妈
爸爸
美术老师
社团前辈
邻居家阿姨
隔壁班的老师
班主任老师
医务室老师
外公
交警叔叔
班上好友
钢琴老师
外婆
从小一起玩的朋友
游泳教练
堂兄
表姐
棒球教练

现在确认一下，自己身边有没有能够援助自己的人？哪怕只能帮到自己一点点。再回想一下，过去有谁曾帮助过自己？最后再思考、想象一下，有这样的人吗？虽然至今为止没有意识到，但好好想一想，这个人或许能够帮助到自己。如果有的话，下次试着去找他商量吧！

制作能够给予自己援助的人物一览表

① 能够给予现在的自己哪怕一点点援助的人，请将他们填在下方空栏处。

② 过去曾给予过自己哪怕一点点援助的人，请将他们填在下方空栏处。

③ 除①②中的人物以外，还有没有其他或许可以给予自己援助的人，请将他们填在下方空栏处。

结果如何？

当你遇到烦恼时，可以用上一小节练习过的方法，向上面这些人寻求援助。

16 想象能给予自己援助的人或物

　　能够给予你援助的，不一定非要是家人、朋友等与你相互认识的人。

　　我们人类有一种能力叫作想象力，"当我们想到某人时，心里就会感到安慰""当我们脑海里想象某人或某物时，心情就会变得放松"，又或者"当我们想到某人时，就会觉得充满勇气"。

　　能够给予你援助的人，可以是课本、杂志、影视剧里出现的人，也可以是你知道的运动员、艺术家，还可以是漫画、游戏中出现的并不真实存在的虚拟人物，抑或是历史上的人物、已经离世的亲人等。他们其实都可以成为能够给予你援助的人。

　　更进一步说，不只是人，动物、植物、玩偶、模型等也能够给予你援助。

　　在脑海中想象这些能够帮到你的人或物，这个过程本身就能成为你应对压力的动力源泉。

想象能够给予自己援助的人或物

① 有哪些人和物，你只要一想到就会觉得被治愈、充满勇气？将他们写在下方圆圈中。

② 写完之后闭上双眼，将你写下的人和物在你脑海中一个一个地好好想一遍，你会感受到，这个想象的过程本身就已经充分地援助了你。如果空白圆圈不够，可以自行追加。

第 4 章
压力应对技巧

17 "应对技巧"是什么

那么这里又出现了一个新名词——应对技巧。所谓应对技巧，指的是当自己遇到压力时自己帮助自己的具体方法。（准确来说应该叫作"压力应对技巧"，这里将其简称为"应对技巧"。）

到目前为止，本书讲述了所谓压力，就如同"别人递给我们的行李"，它们与生俱来。压力又分为"压力源"与"压力反应"，我们需要时时刻刻地去注意它们，通过将它们写下来或说给他人听（外在化）帮助我们应对压力；或者通过正念意识，即不对压力反应做出价值评判，只是去感受它们、接纳它们，来协助我们应对压力。

另外，本书还讲述了压力无须自己一个人承受，向其他人或物寻求援助也十分重要。

除了这些以外，这里还将继续讲述更多各种各样的具体的压力应对技巧（自己帮助自己的方法）。这些技巧我们掌握得越多，越有利于我们与压力相处，也越有利于我们从压力中解救自己。本小节，先记住"应对技巧"的定义吧。

应对技巧 = 将"自我解救"可视化

① "从压力中解救自己的方法"叫作"应对技巧"。对应的英文单词是"cope",意为"解决问题的对策"。现在,你记住这个新名词了吗?

cope = 问题应对技巧(对策)

> 应对技巧

> 应对技巧

> 应对技巧

> 应对技巧

> 应对技巧

> **应对技巧**

> 应对技巧

> 应对技巧

> 应对技巧

> **应对技巧**

> 应对技巧

> 应对技巧

② 想象出"能够帮助自己的另一个自己"并给他起个名字。"援助超人"?"牛仔帮手"?"援助小青蛙"?……起个什么名字好呢?他会学习各种各样的压力应对技巧,然后去帮助你!让我们拭目以待吧!

援助超人　　　　　牛仔帮手　　　　　援助小青蛙

41

18 到目前为止的所有练习都是应对技巧

现在，你们对"应对技巧"这个新名词已经很熟悉了对吗?

接下来将会介绍各种各样具体的应对技巧，但其实之前已经介绍过了以下这些:

① 时时刻刻意识到压力源与压力反应;

② 将意识到的压力源与压力反应写在纸上或向他人说出来（外在化）;

③ 只管用心去感受、接纳自己的压力反应（正念减压）;

④ 寻求他人的援助;

⑤ 想象能够援助自己的人或物。

这些都是应对技巧。因为通过完成上述行为，可以让我们的身心都变得轻松、放松。如果能够很好地掌握上面这些技巧，其实你与压力相处、应对压力的能力已经十分强大了。

在进一步学习之前，我们要充分复习、巩固这些学过的、练习过的技巧，今后也要继续练习它们。在此基础之上，再去掌握一个又一个新的压力应对技巧吧!

练习 巩固第 1 ~ 16 节的压力应对技巧

① 重温本书第 1 ~ 16 节的内容吧！把到目前为止做过的各种各样的练习再全部复习一遍吧！

② 在今后的生活中我们也要时常温习第 1 ~ 16 节的内容，并把它们融入到自己的生活中，去实践它们。

我发现如果学校食堂的饭菜中有青椒，我就会不高兴。

① 闷闷不乐

这个我得写在我的压力应对技巧笔记本上

然后去实践"嗯——"的正念意识。

② 原来我不喜欢青椒，饭菜里有青椒就会不开心……

嗯 嗯 嗯

跟爸爸讲自己关于青椒的烦恼。

③ 您现在有空吗？ 怎么啦？ 爸爸！

把吃青椒想成是自己为了提高棒球技术的一种"修行"，努力试着去接受它！

④ 如果你变得能吃青椒了，说明自己又"升级"了！

每次学校的饭菜里出现青椒时，就想起爸爸说过的"吃青椒"可以让自己"升级"。

⑤ 犹犹豫豫 这是"修行"！

当自己完全能接受青椒以后，用爸爸给自己的印章，在压力应对技巧笔记本上的这一页盖上一个章吧！

⑥ 原本不能吃青椒 现在变得能吃了！ 不挑食才能身体健壮！

19 写出自己现在已经掌握的 应对技巧并确认

虽然接下来要为大家介绍各种各样的应对技巧，但其实我们每个人，无论是谁，都已经掌握了一些应对技巧，并已经在日常生活中使用了。

因此，我们先来一起确认一下自己已经掌握的应对技巧有哪些吧。每个人应该都有属于自己的应对技巧，或许到目前为止自己并没有意识到"欸？原来这就是压力应对技巧呀"！

今后，一定要更加充分地意识到属于自己的、有自己特色的应对技巧，并去使用它们。如此一来，自我解救的效果也会更好。

练习 制作属于自己的压力应对技巧清单

① 尽可能多地在下表中写出自己平时使用的压力应对技巧吧！如果此时此刻还在想"自我解救？那是什么？""平时使用的压力应对技巧有什么？想不出来呀！"也不要着急，不用刻意地去想，继续坚持完成本书中的练习，渐渐地，属于你的应对技巧会越来越多，不要担心。

遇到这样的压力源时	我的应对技巧

② 到目前为止，平时使用的应对技巧，今后要更加有意识地去使用它们。

20 "假想与想象上的应对技巧"是什么

应对技巧又分为：① "假想与想象上的应对技巧"；② "行为与身体上的应对技巧"。

现在，我们将要一起练习① "假想与想象上的应对技巧"。

这类应对技巧全部都是"在大脑中进行的自我解救的方法"。前文中介绍过的压力反应有 4 种，其中第 1 种便是① "出现在头脑中的压力反应"（参照第 7 节）。比如，被朋友欺负后，我们首先大脑里会想"他为什么总是欺负我""真的不要再说这种欺负人的话了"，甚至可能假想自己反击对方的场景。面对压力源，我们的大脑会有很多一闪而过的想法，以及各种各样的想象。这就是"出现在头脑中的压力反应"。

像这样，作为一种压力反应，头脑中的这些假想、想象有时可能会自动出现，但有时我们也可以自己去制造这些假想与想象。换句话说，就是人为地、主动地去下功夫做这些思考与假想。在这里，我们就将其称为"假想与想象上的应对技巧"吧。

体验在头脑中使用压力应对技巧

① 闭上眼，在头脑中想象自己欣赏的人的样子。

② 假想一下，当你的朋友情绪很低落时，你应该对他说些什么才好呢？

③ 在头脑中想象一下你今天晚餐想吃的东西。

④ 思考一下，你喜欢怎样的地方？

怎么样？

也许有的人很轻松地就完成了上面四个练习，也许有的人还没有很好地掌握如何想象、假想。现在还不知道怎么去想象的人也完全不用担心，因为接下来我们还会继续练习。

这里很重要的一点是，我们要知道，头脑中的假想与想象有时虽然是作为压力反应自然产生的，但我们也可以将其作为应对技巧的一种，主动地去使用它们。

第 5 章

增加假想与想象上的应对技巧吧

21 在头脑中安慰自己

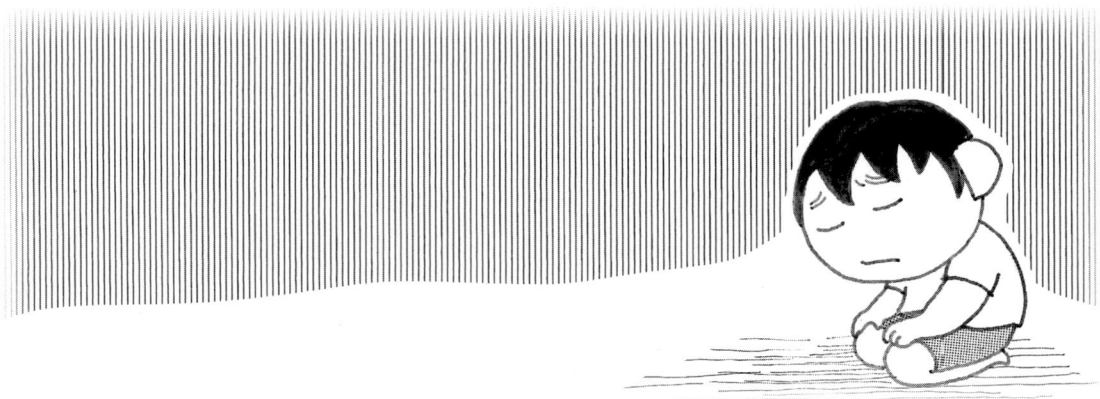

你一定有过失落沮丧的时候吧。

比如，做某件事情失败了；明明已经很努力了，结果却总是不理想；被爸爸妈妈教训了；当着全班同学的面被班主任老师批评了；被同学欺负了；被小伙伴们排挤了；自己一直很珍惜的、饲养了多年的宠物死了；玩游戏总是输；玩具模型摔坏了；等等。有时甚至没有理由，心情也会变得低落。"失落沮丧"是人类一种很自然的情感。

但如果情绪一直低落，任由自己的心情抑郁，那么抑郁消极的想法就会一直占据自己的脑海。

因此，这时我们就需要使用"在头脑中安慰自己"这一"假想与想象上的应对技巧"。我们要先在头脑中假想出一个"失落沮丧的小孩"（等于自己），然后你要真诚地面对他，尽可能温柔地去安慰他。那个"失落沮丧的小孩"会希望得到怎样的安慰呢？你可以试着问问他，然后想一想安慰他的话语吧。

安慰情绪低落的自己

① 在脑海中回想一下最近情绪低落的时候。假如现在正是你最沮丧失落的时候，我们来一起感受一下这份失落吧。

② 在头脑中想象出一个"失落沮丧的小孩"（等于自己）。你觉得这个小孩现在为何沮丧失落呢？我们也切身体会一下这个孩子的失落吧。

③ 想象出还有另外一个你，他要去安慰这个失落的小孩。"我看你现在情绪很低落，你一定很难受吧。"然后，用心地、温柔地去安慰这个孩子。你会用怎样的语言去安慰他呢？写在下方的空栏中吧。

安慰他人的语言

④ 如果一时半会想不到能安慰他的话语，不妨问一问这个"失落沮丧的小孩"："你希望我怎么安慰你？""听到什么话你会感觉很安慰？"让这个"失落沮丧的小孩"告诉你，应该怎样去安慰他。然后按照他说的去做吧！把你想要安慰他的话语写在下方空栏中。

安慰他人的语言

⑤ 今后，如果再遇到情绪低落的时候，马上就要意识到"啊，我现在情绪低落了"，然后试着做这个练习吧！

22 在头脑中激励自己

　　你一定也有过这样的时候吧，因对某事失望或因某事受挫而打不起精神，明明知道自己该努力振作起来，却怎么也拿不出干劲儿。

　　简单点来说，比如早上躺在暖和的被窝里滚来滚去也起不来；爸爸妈妈让你帮忙做一些家务，你却拖拖拉拉；考试成绩很不好，干脆没了学习的心思……这样的情况每个人都会遇到。

　　这时，"在头脑中激励自己"这一"假想与想象上的应对技巧"就能派上用场了。所谓"激励"并不是指使用一个劲儿地拍着对方的肩膀大声地说："加油啊！"这种过激的方式，而且想象在自己身体里面还住着一个"失望的小孩""没有干劲儿的小孩""现在对某事无法鼓起勇气的小孩"，你现在要向他们伸出援助之手。或许你可以问问你身体里的那个小孩："你希望我怎样去激励你呢？"

激励打不起精神的自己

① 在脑海中回想一下最近最失望、最没有干劲儿或者最鼓不起勇气的时候吧。假如现在的你正处于这些状态，那么我们就来好好感受这些状态吧。

② 在头脑中想象出一个"失望的小孩""没有干劲儿的小孩""现在对某事无法鼓起勇气的小孩"。试想一下这个小孩此刻的心情是怎样的呢？我们也切身体会一下他此时的感受吧。

③ 想象出还有另外一个你，他要去安慰这个小孩。"我看你现在无精打采的，你一定很难受吧。""你现在没有干劲儿（勇气），你一定也很苦恼吧。"然后，用心地、温柔地去激励这个小孩吧。你会用怎样的语言去激励他呢？写在下方的空栏中吧。

激励他人的语言

④ 如果一时半会想不到能激励他的话语，不妨问一问这个"失望的小孩""没有干劲儿的小孩""现在对某事无法鼓起勇气的小孩"，让他来告诉你，他希望你如何去激励他。然后按照他说的去做吧！把你想要说的激励他的话语写在下方空栏中。

激励他人的语言

⑤ 今后，如果再遇到失望、没有感觉、没有勇气的时候，马上就要意识到自己的这些状态，然后试着做这个练习吧！

23 在头脑中表扬自己

"假想与想象上的应对技巧"还可以用在"表扬自己"时。当自己努力完成了某件事、帮到了他人、达成了某个目标、学会了如何找人商谈等时，都可以"表扬自己"。

我们每个人基本上都是在"被表扬"中成长起来的。当我们被表扬时，我们的心情会变得愉悦，因此获得更多的动力，心中暗想"好！那我以后要更加努力了"！

如果在家庭中或学校里本就已经收获了很多表扬，或许你不必再"表扬自己"也能拥有源源不断的动力。但如果你身边的大人不太善于表扬，你获得表扬的机会就会少之又少。如此一来，我们就需要养成"自己表扬自己"的习惯，自己给予自己动力与生命力。

① "自己表扬自己"说起来简单，做起来其实并不容易，所以需要我们想象出一个能够表扬你的虚拟人物。然后记得为这个虚拟人物起个名字哦。

表扬超人

夸奖美少女

—— 可以被表扬的事情示例 ——

早上按时起床 / 虽然睡了会儿懒觉，但还是努力去了学校 / 今天吃饭光盘了，没有剩饭 / 上课没有打瞌睡 / 很好地跟朋友打了招呼 / 认真听了父母的话 / 知道了如何回应父母的话 / 在体育课上努力运动了 / 精神饱满地过了一天 / 清晰地向父母表达了自己哪里不舒服 / 身体不舒服，自己一个人去了医务室 / 今天在学校走廊里没有跟同学追跑打闹

② 想一想要让这个虚拟人物（"表扬超人""夸奖美少女"）表扬你什么呢？你的任何方面都可以被表扬哦。

③ 在脑海中假想虚拟人物大肆表扬你的场面吧！

今天把饭全都吃光了，没有剩饭呢！你太棒了！做得很好呀！

今天早上按时起床了呢！真是太厉害了！

欸，尽管睡过头了，却还是急忙赶到了学校。太不容易了！

④ 如果有人觉得"我好像找不到一个地方值得被表扬……"可以的话，拜托身边的人帮你找一找你"值得被表扬的地方"吧。如果没有人可以拜托，也不要失望。其实，人活着就已经是一件伟大的事情了。活着这件事就足以被表扬了。所以，快让我们的"表扬超人""夸奖美少女"表扬表扬你："哪怕只是活着，就已经很伟大了！你做得很好呀！""你又认真努力地度过了一天呢，真是太了不起了。"

24 在脑海中捡起美好的回忆

　　我们的大脑很厉害，可以为我们保存到目前为止我们体验过的、过去发生的事情。它叫作"记忆"和"回忆"。记忆和回忆又分好的和坏的。难过的体验或者"别人让我不高兴了"这样的体验会成为"令人讨厌的记忆""不好的回忆"留在我们的大脑里。而开心的体验或者"别人温柔地帮助了我"这样的体验，会成为"美好的记忆""闪光的回忆"同样留在我们的脑海里。

　　当我们遭遇压力时，那些"令人讨厌的记忆"与"不好的回忆"会作为压力反应不请自来，自行产生。如此一来，又会引发我们更加不悦的想法和难过的情绪，让我们变得越来越痛苦。当我们陷入这种恶性循环时，一定要及早地意识到自己的状况，试试第12节的"正念"思维，或者尝试更多的压力应对技巧吧。

在公园玩的时候不小心受伤了

不想去医院

可能会被同学嘲笑

又受伤了，怎么办呀

打不了棒球了

　　其实，我们每个人都会拥有属于自己的"美好的记忆"与"闪光的回忆"。从脑海中重新找回这些记忆，也是"假想与想象上的应对技巧"之一。这些难能可贵的回忆，就让我们用本节的应对技巧，使其发挥积极作用吧！

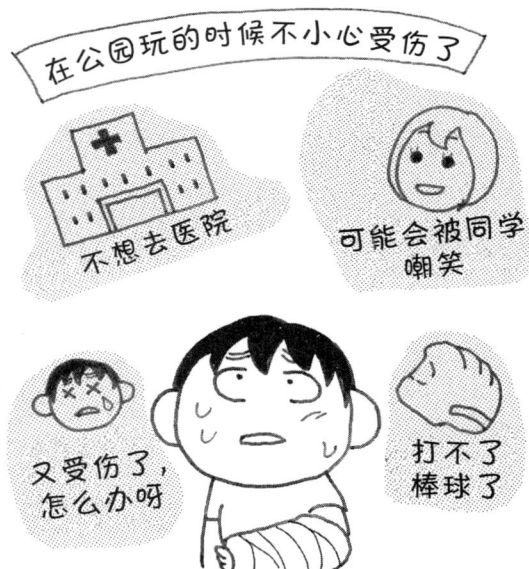

回想积极正面的记忆

① 回顾到目前为止的经历，试着找出自己脑海中"美好的记忆""闪光的回忆"。无论是怎样微小的一些记忆都可以。不管它是发生在几年前的事情，还是发生在昨天的事情，哪怕只是 1 小时前发生的事情也没关系。尽可能多地找出一些这样的记忆并把它们写下来。

例

小时候全家人一起去旅行特别开心 / 去爷爷家时爷爷总是特别疼爱我 / 去年运动会上拿了第一名 / 昨天妈妈格外温柔 / 圣诞节时从圣诞老人那里收到了我一直很想要的礼物 / 昨天和朋友一起玩的游戏很有趣 / 在学校里老师表扬了我 / 和姐姐在家里尽情打闹特别好玩儿 / 今天学校午餐的咖喱饭特别好吃 / 用零花钱买的冰激凌太好吃了 / 在动物园里看到了帅气的长颈鹿

② 闭上眼，从自己写下的"美好的记忆""闪光的回忆"中选择一个，试着让脑海中重新浮现出当时的画面。就好像乘坐上了时光机，一起回到了那个美好的时刻吧。此刻，你脑海中闪过了怎样的想法？心情又变得如何呢？

怎么样？

这个练习无论何时何地都可以做。如果可以的话，每天至少闭上眼睛做 1 次这样的练习吧。长此以往，比起"令人讨厌的记忆""不好的回忆"，那些"美好的记忆""闪光的回忆"会更容易出现在你的脑海里。

25 在脑海中制订快乐的计划

接下来，我们要来体验一下制订未来计划这一压力应对技巧。

我们人类与其他动物一样，都活在"当下"，但与之不同的是，我们的大脑拥有一项极为优越的能力——思考过去与展望未来的能力。

例如，"待会回家要被妈妈骂了，我该怎么办呀？""明天学校食堂的菜单里又没有我爱吃的菜，不开心。""暑假要去外婆家了，又远又没有小伙伴可以一起玩儿，有些无聊呀！""要上初中了，我还不想成为初中生呢！"像这样，我们经常会思考一些还未发生的事情，然后心情会变得不好。与上一小节讲到的"记忆"一样，对于未来的预想也分为两种——"好的未来"与"令人讨厌的未来"。

所以，如果我们一定要去思考未来，那么就去做一些好的、正面积极的预想吧！这些预想既可以是关于长远未来的目标——将来我要成为这样的人，也可以是关于最近的一些可以马上实现的有趣计划。我们不用在意这些目标与计划是否真的能实现，只管放心大胆地去想象吧！

我种植出了香蕉与苹果的杂交品种——苹果蕉！

设想积极正面的计划

（1）遥远将来的计划

在遥远的将来（10年后、20年后乃至50年后），自己成为了一个怎样的人？过着怎样的生活？想要继续学习些什么？想要从事怎样的工作？想去哪些地方？展开你丰富的想象吧！不用考虑它们是否能实现，只管充分发挥你的想象力吧。

10 年后

20 年后

50 年后

（2）近期的计划

1年后你想要做些什么？放寒假或暑假后你想做些什么？下学期你想做些什么？下个月你想做些什么？周末你想做些什么？今天放学后你想做些什么？5分钟以后你想做些什么？甚至此时此刻，你想做些什么？关于这些，尽可能具体地去制订一些能让你感到快乐的计划吧。制订的同时可以想象当自己完成这些计划时的场景和心情——如果能做到，一定会很开心吧！

你想做些什么？

1 年 后 _____

下 学 期 _____

下 个 月 _____

周 末 _____

放 学 后 _____

5 分钟后 _____

现 在 _____

怎么样？

这个练习随时随地都可以做。如果可以的话，每天至少闭上眼睛做1次这样的练习吧。长此以往，平常生活中脑海里就会常常浮现出关于未来的美好计划。

26 让脑海中浮现喜欢的人和风景

　　人类是具有想象力的生物。有时，某个人、某件东西并不在我们眼前，可我们却仿佛觉得他们就在眼前或就在身边。多亏了想象力，我们才能拥有这样的感受。

　　这虽然是一份很奇妙又很优秀的能力，但也正是因为这个能力，让我们的脑海中会不由自主地出现一些自己不喜欢的人、害怕的人或是难看甚至讨厌的风景，进而让自己产生烦恼或不安的情绪。遇到这种情况，我们要尽快意识到自己的这些情绪，然后尝试通过"正念"思维或各种各样的压力应对技巧去调整自己的情绪。

　　此外，我们可以通过发挥自己的想象力，在脑海中描绘自己喜欢的人或风景。当我们的脑海里浮现出自己喜欢的人或风景时，心里会变得暖洋洋的，心情会变得放松，紧张的身体也能一下子舒展开来。这也是"假想与想象上的应对技巧"之一。"哪怕这些人或物不在我们眼前，我们也能充分想象"，这是上天赋予人类的极为珍贵的能力，好好利用它去应对我们生活中的压力吧！

在脑海中展开美好的想象

① 你喜欢的人都有谁？将他们写下来吧！

> 并不一定必需是彼此都认识的人，可以是电视里出现的人物，也可以是动漫、游戏里出现的虚拟人物。

提示
> 想到他就能让心情放松的人；总是对你很温柔的人；帮助过你的人；崇拜的人；在一起时让你觉得开心的人；在一起时让你感到放松的人

② 你喜欢的风景有哪些？将它们写下来吧！

> 既可以是现实生活中真实的风景，也可以是现实世界并不存在的、你想象出来的风景。

提示
> 你经常看到的熟悉的风景；旅行时看到过的漂亮的风景；夜晚漂亮的星空；雨过天晴时出现的彩虹；在电视里看到的宇宙的景色；电视中出现的关于未来的画面

③ 闭上眼睛。

试着将①和②中你写下来的人和风景在你的大脑中进行描绘，仿佛他们就在你眼前。现在，你的心情变得如何？身体感觉如何？

怎么样？

> 这个练习随时随地都可以做。如果可以的话，每天至少闭上眼睛做 1 次这样的练习吧。长此以往，日常生活中脑海里就会经常浮现出自己喜欢的人和风景啦。

第 6 章

掌握更多行为与身体上的应对技巧吧

27 "行为与身体上的 应对技巧"是什么

　　前文介绍过压力应对技巧分为①"假想与想象上的应对技巧"以及②"行为与身体上的应对技巧"。本小节我们将具体介绍②"行为与身体上的应对技巧"是什么以及进行相应的练习。

　　人们经常将压力视为一种"心理问题"。从"自己心里感到压力"这层意思上来说或许确实如此，但"心理"这个词本身就过于抽象。心理，我们看不见，也摸不着，没有办法去具体地操控它。

　　因此，在压力应对技巧中，我们没有提到"心理"一词，而是分为"假想与想象上的应对技巧"及"行为与身体上的应对技巧"这两种情况来进行具体思考。

　　而"行为与身体上的应对技巧"与前文的假想、想象不同，是我们肉眼可以看到的技巧。

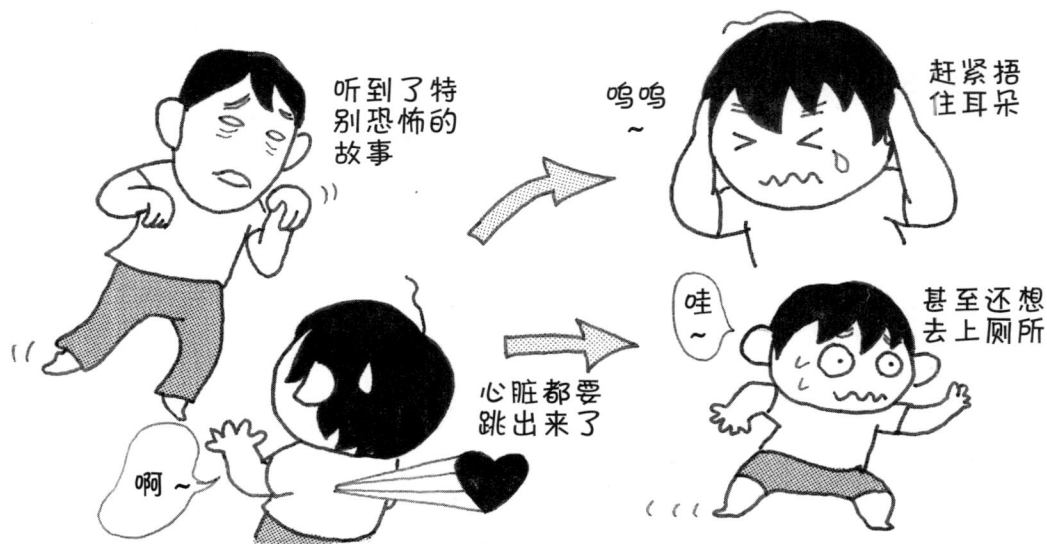

练习　体验通过行为与身体展开的压力应对技巧

① 行为的概念是什么？

前文中有提到，压力反应中也有"表现在行为上的压力反应"。现在重新回顾第 10 节中列举出的有关行为的例子以及在练习中体验过的行为，温习一下行为的概念吧。

行为示例	
穿衣服	脱衣服
说话	写字
跟某人打招呼	扔东西
捡东西	闭眼
走路	睁眼
站立	进被窝
拍打某人后背	淋浴
握手	洗手

你会做出哪种行为呢

①突然发生地震，教室开始摇晃。

②上完厕所突然发现没有卫生纸。

③陌生人给了你一颗糖。

④听朋友议论别人。

⑤朋友对你说："我们一起不理那家伙吧！"

⑥爸爸妈妈跟你说："再不努力学习，就减少你的零花钱。"

⑦你养了很久的感情很深的宠物死掉了。

⑧考试没有发挥好，考了一个很糟糕的成绩。

② 身体的概念是什么？

前文中还提到，压力反应中也有"表现在身体上的压力反应"。现在重新回顾第 9 节中列举出的有关身体反应的例子以及在练习中体验过的身体反应，温习一下身体的概念吧。

身体反应示例	
皮肤粗糙	牙痛
打喷嚏	大脑一片空白
胃痛	头皮发痒
犯困	发热
咳嗽	肩膀酸
心跳过速	打哈欠
手脚发麻	流鼻涕
想吐	耳鸣

你的身体会发生怎样的反应

①忘记吃早餐就去上学了，现在过了上午 11 点。

②昨晚失眠，睡眠不足的你去了学校，第三节课的内容很无聊。

③今天天气很冷，忘记穿外套的你，糊里糊涂地就出门了。

④被家人传染了感冒。

⑤30℃以上的高温天气里，你不得不顶着直射的大太阳出门办些事情。

⑥手臂被蚊子咬了一个包。

⑦课间休息时忘记上厕所，上课时憋不住了。

28 在纸上写出压力源与压力反应

本节为复习内容。到目前为止，我们一起学习了压力可以分为"压力源（行李本身）"以及"压力反应（当你被迫拿起行李时自身的反应）"，而压力反应又可以分为"出现在头脑中的压力反应""表现在心情或感情上的压力反应""表现在身体上的压力反应""表现在行为上的压力反应"这四种。

我们还知道了"时时刻刻意识到当下的压力源与压力反应"极为重要，因为只有意识到了，我们才能去应对它们。这本身就是一个极为重要的应对技巧。

再来，我们还了解到了将自己意识到的状态写在纸上或说给他人听这样一种向外表达的行为（外在化），这种行为非常有利于我们应对压力。这里，我们更加具体地讲一讲"写在纸上"这一应对技巧吧。

> 欸？
> 我前阵子也因为同样的事情感到压力了呢。

> "有人狠狠地拍打了我的后背""我生气极了"

> 原来我遇到这种事立马就会生气。

笔记本

掌握"写在纸上"的压力应对技巧

① 在下图中写出你最近感受到的压力吧。

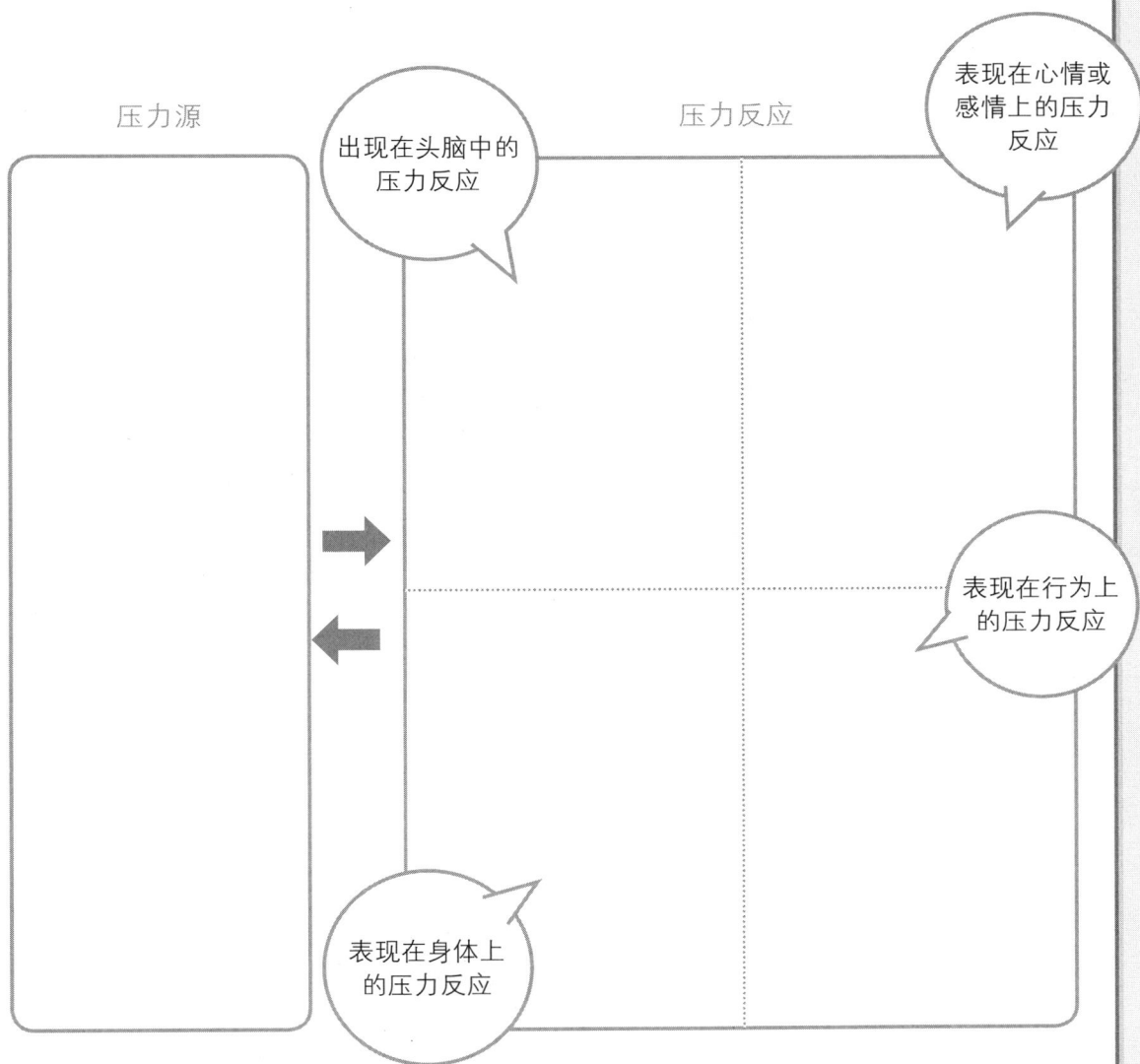

压力源

压力反应

出现在头脑中的压力反应

表现在心情或感情上的压力反应

表现在行为上的压力反应

表现在身体上的压力反应

② 写完之后好好审视自己所写的内容。想一想将自己感到压力的经验写下来都有哪些效果呢?

③ 在日常生活中,当你感到有压力时,都像上面一样,画图并写下来吧!

怎么样?

书末附有上面的空白图表,将它多复印几张使用吧!

29 解决问题

　　当我们感觉到有压力时，有可能是我们身边出现了某些具体的问题，这些问题本身困扰着我们。首先，我们要弄明白到底出现了什么具体问题。接着，我们要试着思考，为了解决这个问题，我们自己能够做些什么，尽可能多地想出各种解决方案。

　　这种情况，我们暂时不需要去判断这些解决方案是否真的有助于解决问题，它有可能有用，也有可能没用，这些都暂且不谈，总之先想出各种自己力所能及的解决方案。放心大胆地去想，这一点十分重要。

　　这种先不去考虑好坏、尽可能多地想出各种方案的过程，我们把它叫作"头脑风暴"。也就是说，仿佛在大脑里刮起一阵风暴，刮出各种各样的点子。

　　在充分进行头脑风暴以后，再从想出的众多解决方案当中选择几个看起来似乎可以帮助你解决问题的，最后将它们进行整合，用于问题的解决。

①认真阅读下面的问题解决案例。

★问题是什么?
因为自己的房间乱七八糟而被妈妈批评了。 找不到明天要带去学校的试卷作业,不知道该怎么办。
★为了解决这个问题,我们能做些什么?(头脑风暴)
请妈妈帮忙收拾。/去叫姐姐,让姐姐帮忙收拾。/假装自己忘了写作业。/明天早一些去学校找老师重新拿一份试卷,在学校里完成作业。/给朋友发信息,让朋友帮忙复印一份试卷。/把房间打扫干净。/作业暂且不管,房间如果一直不收拾,又会被妈妈批评,所以周日先收拾房间。/试卷有可能在书包里,去书包里找一找。/如果只是书桌的话,大概30分钟就能收拾整洁。/先不管试卷和被妈妈批评的事,先去玩一会儿。
★看起来有效的措施
在书包里找一找试卷。 花30分钟收拾书桌。 不管试卷了,先去玩一会儿。 明天早些去学校,找老师重新拿一份试卷,在学校里完成作业。
★解决方案
先在书包找一找试卷,再花30分钟收拾书桌,如果在书桌上发现了试卷,那么就太幸运了!如果实在找不到,没办法,今天先去玩一会儿,然后明天早上早些去学校,找老师重新拿一份试卷。书桌稍微收拾干净了一些,妈妈应该也不会再说我了。
★实施解决方案
总算是找到了!太幸运了!在书桌上堆积如山的资料里发现了明天要交的试卷。书桌也收拾得整洁有序了,这下可以安心地出去玩儿啦。妈妈看到后也说:"哟,把书桌收拾干净了呢!"所以应该不会继续教训我了吧。还是养成每天收拾书桌的习惯吧。

②参考上面的案例,从中找出在你解决问题时值得借鉴的地方,和案例中的主人公一样去解决问题吧!书末附有空白的问题解决表,一边使用它一边寻找解决问题的方案吧。

30 找人倾诉、寻求他人帮助

前文讲到将自己感受到的压力源、产生的压力反应对他人说出来或写在纸上，这种行为（外在化）是一种效果极佳的压力应对技巧。

不单纯只是对他人诉说，还能够寻求他人的援助，这对于自我解救也是十分重要的对策之一。在解决问题时，并不一定非要自己一个人独自去努力、去承担。（第 14 ～ 16 节）

当因为承受压力而痛苦的时候，不需要自己一个人去硬撑，及时寻求他人的援助，是保障我们健康生活下去的重要手段之一。

或许有人会说："自己的问题自己解决。""依靠他人说明自己没能力。""寻求他人帮助是一件丢脸的事情。"但其实这些观点都是错误的。遇到问题时，找人商谈，寻求援助，无论对谁来说都是人生道路上必不可少的重要的压力应对技巧。

掌握向他人寻求援助的应对技巧

① 在下图中写出你最近感受到的压力吧。

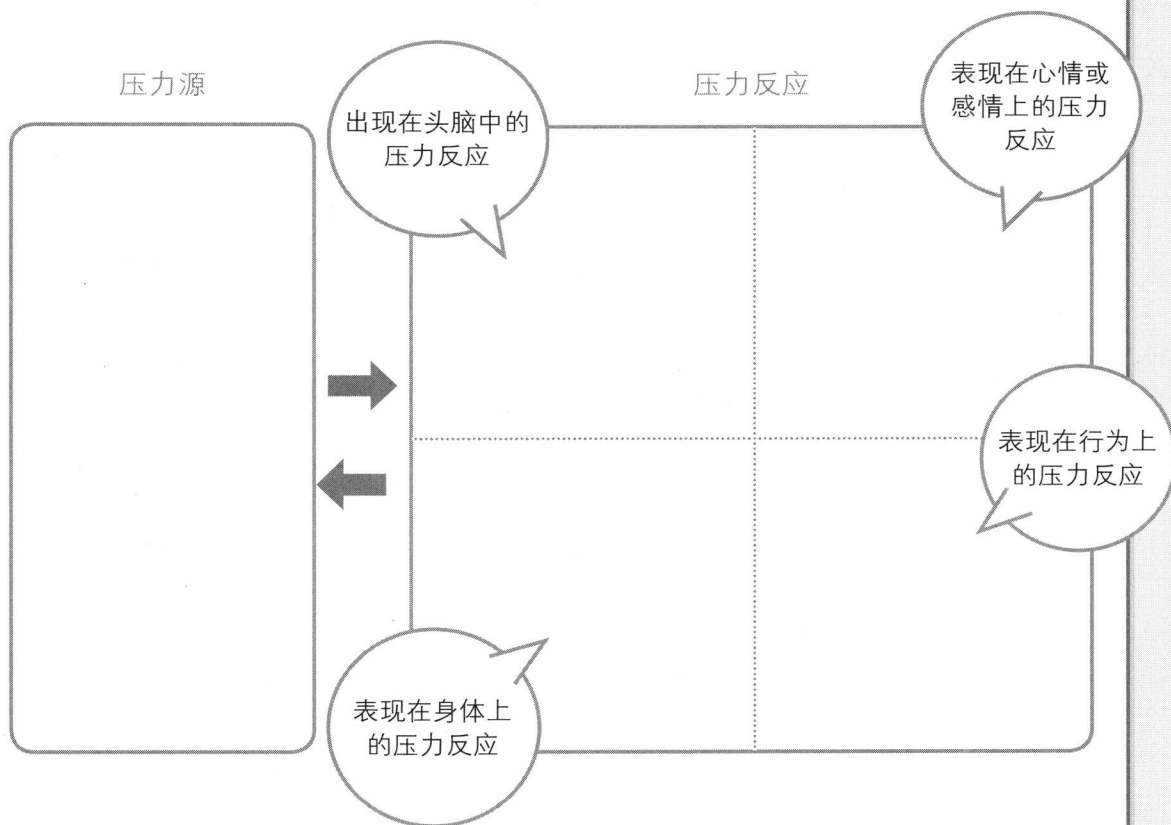

压力源

压力反应

出现在头脑中的压力反应

表现在心情或感情上的压力反应

表现在行为上的压力反应

表现在身体上的压力反应

　　② 将上图中你所写的有关压力的体验说给某人听吧。倾诉完之后感觉如何？是不是哪怕只是说出来也会让你的心情轻松不少？倾听的一方也不要打断或评价，只是安安静静地去倾听吧。

　　③ 将自己每天在生活中遇到的压力都找人倾诉吧。同样，当有人找你倾诉他的压力时，你也耐心地去倾听对方吧。

　　④ 在日常生活中，有意识地去尝试"寻求援助"这一压力应对技巧，然后不断地找寻更多能够给予你援助的人或者物吧。

31 做你喜欢的、能让你感到开心的事情

　　作为一种行为上的压力应对技巧，做自己喜欢的事、做能令自己感到开心的事对于缓解压力十分有帮助。我们的一生中有许许多多"应该做的事""需要努力去做的事""虽然不愿意但不得不做的事"。比如帮忙做家务、完成学校作业、上自己不感兴趣的课、参加考试等。

晚上放学回家把你的
屋子好好收拾一下！

　　如果是为了生存必须要做的事，那么尽管我们不情愿也要去完成它们。但如果一个人总是在做"应该做的事""不得不做的事"，渐渐地，身心都会变得疲惫不堪。为什么？因为这些事都会成为你的压力来源。

　　这种情况下，对于我们来说重要的是去做一些"自己喜欢的事""能让自己感到开心的事"，然后去用心体会做这些事情时愉悦的心情。这些事情会成为丰富你内心的营养，也会成为你应对压力的武器。因此，现在我们来想一想：你喜欢的事情、能让你感到开心的事情有哪些呢？事先把它们都写出来（外在化）对你会更有帮助哦。

写出自己喜欢的、能令自己感到开心的事情

① 将你能想到的你喜欢的、能让你感到开心的事情全部写下来吧！无论是多么微乎其微的小事，都可以。我们的目标是越多越好！

② 跟某人说一说你在①中写出的"你喜欢的、能让你感到开心的事情"吧。有机会的话，也去听一听别人的"喜欢的事情"和"能令他感到开心的事情"吧。

③ 在日常生活中要时时刻刻记着"做你喜欢的、能让你感到开心的事情"是压力应对技巧的一种，坚持使用这个技巧吧。

怎么样？

试着去感受和别人谈起"你喜欢的、能让你感到开心的事情"的快乐吧！

32 掌握呼吸法

从出生到死亡，人这一生都在呼吸。

人几天不吃饭都还能活着，但呼吸只要停止几分钟，我们就无法存活。呼吸对于我们来说就是如此重要。

但我们平时并没有很在意我们的呼吸。因为呼吸实在是太重要了，哪怕我们不去有意地呼吸，呼吸这个行为也会自然而然地发生。

呼吸分两种，"让自己感到放松的呼吸"与"让自己感到痛苦的呼吸"。使用"让自己感到放松的呼吸"这种方法对于缓解压力有着卓越的功效。

我们每时每刻都在呼吸，如果能把呼吸作为一种压力应对技巧，我们为何不去使用呢？将"让自己感到放松的呼吸"作为随时随地都能用的最厉害的技巧，让我们掌握并在每日生活中一点一点地去实践它吧！

练习 掌握让自己感到放松的呼吸法

①找一个舒服的姿势（躺下或者坐着，站着也可以）。

②首先大大地呼一口气，"呼——"地把体内的气体都吐出去。

③然后用鼻子吸气。要像吸鼻涕一样尽可能地去吸气。哪怕吸不了那么多也没关系。

④感受从鼻腔吸入的空气进入到了腹部，你的小腹渐渐鼓了起来。

⑤现在，再将你吸入的空气从嘴里（或者从鼻子里也可以，选择你喜欢的方式）一点点、慢慢地吐出去。一边吐气一边在脑海中缓慢默数"1、2、3、4……"

⑥感觉将气体全部呼出后，再用鼻子吸气，感受小腹慢慢鼓起，然后一边默数数字一边呼气，待气体全部呼出后再用鼻子吸气……如此循环1分钟左右。

①

从用嘴吐气开始进行呼吸会更有效果。

②

呼～

③

④

1、2、3、4……

⑤

⑥

循环反复1分钟

虽然一开始并不会感到有很明显的效果，但每天坚持练习，就会逐渐感受到"啊，呼吸法真的能令人放松呀""作为压力应对技巧，它还是很管用的"。

33 品尝喜欢的美食

在每天的生活中，我们都需要吃东西、喝东西，这对于我们每个人的成长和生存都是绝对必要的行为。

我们每个人也都有自己"喜欢的食物""讨厌的食物""喜欢的饮品"以及"讨厌的饮品"。为了更好地成长与生存，有时或许我们不得不吃（喝）我们并不喜欢吃（喝）的东西。但为了更好地应对压力，花时间好好品尝自己喜欢的美食，对于我们来说非常有帮助。

如果当天的饭菜中有自己喜欢吃的，那就比平时花更多的时间去感受那份美味吧。另外，平时喝到我们喜欢的饮品（茶、果汁、牛奶等），或许我们下意识地几口就喝完了，今后可以试着花些时间，一口一口地去细细品味它们。

如此一来，品尝自己喜欢的美食这一行为本身就会是能使你受益的"行为与身体上的应对技巧"。

花蛤也要好好吃下去哦！

让品尝喜爱的美食成为应对压力的技巧

① 以"三角饭团"为例。将其换成你自己喜欢的食物进行练习吧!

这个饭团好沉呀,里面放了什么馅呢?

啊!是海苔的香味。

哇!好香呀,口水都要流出来了。

啊!咸度刚好合适!米饭的软硬程度也刚刚好!

啊啊!果然米饭和海苔很配呀!

啊!吃到馅了!原来今天的饭团是鲑鱼馅的呀,好开心呀!

烤过的鲑鱼香气四溢。

啊!米饭和鲑鱼一起吃下去太美味了!

咕咚~

哇!今天的饭团也太好吃了。我吃饱啦!

② 以"橙汁"为例。将其换成你自己喜欢的饮品进行练习吧!

啊!是橙汁的香味。橙汁的颜色也好漂亮呀。为什么会是这么鲜艳的橙色呢?

真好闻呀!

哇,橙子清爽的香气扑面而来。

啊,酸酸甜甜的!这就是橙汁的味道呀!而且还是冰镇过的,冰冰凉凉的太爽了!

咕噜咕噜

呼吸都是橙汁的香气。

啊!今天的橙汁太好喝了!

34 与玩偶拥抱、聊天

一听到玩偶，有人或许会想："欸？那不是小孩子才玩的吗，我才不要。""和玩偶聊天，可真是难为情！"这些想法其实都是误解。

我平常也给一些大人做心理咨询（就是听一些积攒了很多压力的大人们倾诉，并帮助他们更好地应对压力），与玩偶拥抱、聊天这一压力应对技巧在大人们当中也很受欢迎。

人不管长多大，都对玩偶有着天然的好感，并且可以从玩偶那里获得援助。大人们表面上看起来好像要比孩子们"抗压"一些，但其实大人们也同样需要玩偶，因为大人们也同样拥有一颗柔软的心。

陪伴了你漫长岁月的玩偶，是你重要且珍贵的朋友。玩偶绝不会伤害你，它会永远站在你这边。你身边总是需要有这样的朋友，来帮助你应对压力。

练习 掌握利用玩偶的压力应对技巧

① 如果你身边也有一个陪伴了你很久的玩偶，从今天起，一点点地习惯去拥抱它、去跟它说话吧。这会是一个很好的压力应对技巧。如果到现在为止你一直都觉得跟玩偶聊天很丢脸，那么从今天起，你要想着"这是应对压力必要的技巧，没有什么好丢人的。有很多大人也在跟玩偶说话呢"。

> 今天在学校遇到了不开心的事情……

② 如果现在你的身边还没有玩偶，你可以攒下零花钱或者压岁钱，或者请求爸爸妈妈给你买一个玩偶作为生日礼物，然后去拥有一个可以一直珍惜的玩偶吧。

> 拜托妈妈了，这个很重要的！

③ 不是玩偶也没有关系，还可以是你喜欢的人物模型（比如动画片中出现的人物玩具），你可以把他作为你聊天的对象（虽然你可能无法拥抱它）。如果实在没办法拥有玩偶或者本身不喜欢玩偶，可以找一个替代玩偶的人物玩具作为你的聊天对象哦。

35 试着将纸巾或废纸撕碎

　　当我们遇到烦心事（→压力源）并对其产生反应时，脑子里会一直想着不好的事情，这些想法在脑海里盘旋，任你怎么努力摆脱也挥之不去（→压力反应）；或者当你对某事感到不安（→压力源）时，心中会充满焦虑与担忧，你被这种情绪所控制，不知如何是好（→压力反应），你是否也曾遇到过这样的情况呢？

　　这时，我们一定想要转移注意力，摆脱这些负面情绪，但盘旋在脑海里的想法和不安已经支配了我们，我们想要摆脱、想要转移注意力并不是一件易事，此时的我们想要停止这些想法，已经很困难了。

　　其实，这种情况下我们需要做的并不是转移注意力或停止焦虑和担忧，而是"动手做一些细致且简单的手工活"。对，这里我们所用到的应对技巧并不是使用大脑，而是使用手。而且这个技巧的关键在于做简单的手工活。在你一直做简单且细致的手工活的过程中，你会惊奇地发现：欸，太神奇了。刚刚一直盘旋在脑海里的想法和占据内心的不安，不知何时已经消失不见了。

练习 掌握将纸片细细撕碎的压力应对技巧

① 准备一张纸巾或已经打算扔掉的废纸（比如广告传单等）。

② 将这张纸巾或废纸尽可能地用手撕到最细、最小。不管你已经撕到多小了，再努把力的话应该还能再将它撕开一次。哪怕你认为"这下应该不能再撕开了吧"，也要想着"再尝试最后一次吧"，然后再次试着将它撕成两半。最后，你会收获一个由极细小的纸屑堆成的小山。

③ 如果撕完一张纸，你觉得你的心情已经好多了，就可以作罢了。但如果心绪依旧很乱，或者你还想继续撕，就再拿出一张纸巾或废纸，将它细细地撕碎。要是比上一张纸撕得还要碎就更好了。

④ 今后，当不好的想法缠绕着你或不安的心绪支配着你时，你要尽快地意识到自己的这种状态，然后尝试把纸巾或废纸撕成纸屑的这一压力应对技巧。在你专心投入到撕纸的过程中后，你会发现那些不好的想法和不安的心绪早已被你抛诸脑后了。

36 绘画、涂鸦、制作手工艺品

"动手做一些简单但细致的手工活"可以帮助我们摆脱缠绕在心头的烦恼与不安。同样，绘画、涂鸦、做一些手工艺品同样是"动手"，它和前文的撕碎纸巾一样，甚至比撕碎纸巾更为有效。

以应对压力为目的去进行绘画、涂鸦、制作手工艺品，重要的是不要去想"我要画得多好""我要涂得多好看""我要做得多精致"。

在学校的美术课及手工课上或许画得好、做得好很重要，但若是出于应对压力、解救自己的目的去做这些事情，做得"好"与"不好"就完全无所谓了。重要的是"动手做些什么"。想象一个无欲无求的小孩在绘画本上随心所欲地写写画画，然后把你自己变成这个小孩，开心、随意地画些什么，动手做些什么吧。

掌握绘画、涂鸦、制作手工艺品的压力应对技巧

练习

① 准备一张白纸（绘画用纸或普通打印纸都可以），再准备彩色铅笔、蜡笔、水彩笔等（任何画具都可以）。把你心中所想的随意画在纸上吧。如果不知道画些什么，可以随意选一个颜色的笔在纸上画圈圈，一定会出现有趣的旋涡！

② 买一本上色涂鸦本吧！选择一幅你喜欢的画，为它涂上你喜欢的颜色。选择颜色的时候，不要拘泥于常识。比如你可以把人脸涂成大红色，还可以把太阳涂成紫色等。

③ 比起绘画更喜欢做手工艺品的人，可以利用身边的道具，随意地去做些什么。这里的重点就是"随意"，要天马行空地做一些奇特的东西，让看到的人都不禁疑惑"这是什么呀？我都看不明白"。

将喝完的牛奶盒剪成各种各样的形状，再将它们拼装起来吧。

欸？这是什么呀？

怎么样？

不要去想"我要画得多好""我要涂得多好看""我要做得多精致"。把自己想象成一个特别小的孩子，随心所欲地去涂涂画画。不去在意"做得好不好"，就能做得很开心。记住你此刻快乐的心情，今后也时不时地使用这个压力应对技巧吧。

37 闻各种东西的气味

人的身体有五感，分别是①视觉（用眼睛看）、②听觉（用耳朵听）、③味觉（用嘴尝）、④触觉（用手摸）、⑤嗅觉（用鼻子闻）。

充分利用这五感，能帮助我们很好地应对压力。比如，第33节的"品尝喜欢的饮食"便是利用味觉的压力应对技巧。利用味觉可以成为我们的应对技巧，视觉、嗅觉同样也可以。

本节主要介绍五感中充分利用嗅觉的压力应对技巧。嗅觉主要是指用鼻子感受物品的气味，与其他五感相比，算是人类更本能的一种动物性感觉。动物可以通过嗅食物的气味，来本能地判断这个食物是否安全。

把自己当作动物或是原始人类，去闻一闻各种东西的气味，体验利用嗅觉的压力应对技巧吧！

掌握利用嗅觉的压力应对技巧

① 你喜欢怎样的气味？当你闻到你喜欢的气味时，可以尽情地闻，"啊，多好的香气呀"。

然后，用心地去感受它吧。

② 随身带上你中意的气味吧。比如有着你喜欢的香气的橡皮，当你感到有压力的时候，把它拿出来闻一闻。这里也推荐香薰精油，那种浓缩了植物自然香气的液体，通常装在一个小玻璃瓶里出售。如果能找到一瓶你喜欢的精油，把它带在身上，这样无论何时、无论你走到哪里都可以拿出来闻一闻。如果不知道哪里能够买到它，可以问一问父母、老师等身边的大人。

③ 不只是自己喜欢的气味，有些令你皱眉的难闻气味其实也能帮你缓解压力。闻一闻自己不喜欢的气味也是一种利用嗅觉的压力应对技巧。遇到自己不喜欢的气味时，要想着"啊！这是缓解压力的好机会"，然后用力地吸一口气吧。

38 抚摸各种各样的物品

　　我们的五感都可以用来作为压力应对技巧。这一节，我们来试着用一用触觉（用手触摸）吧。

　　我们人类从四脚爬行进化至现在的双脚直立行走，双手得到了解放。与四脚爬行动物相比，我们的手更加灵巧，可以抓东西，可以用筷子，可以用手指弹钢琴，还可以拿剪刀剪纸……总之，可以做很多很多事情。

我抓不住球，喵~
也扔不了球，喵~

也没法玩石头剪刀布，喵~

我可以！

　　但这里，不需要我们"灵巧地使用双手"或"灵活地动用手指"，把这些人类具有的技巧统统忘掉，只需要单纯地用手掌去触碰、抚摸各种物品，这也是一种压力应对技巧。总之，试着用手去轻柔地触碰、抚摸你身边所有能接触到的物品吧。然后用心地去体会从手掌传来的感觉。

　　你会发现，你触摸的物品不同，手掌的感觉也完全不一样。去享受这些不同的感觉吧！

练习 掌握利用触觉的压力应对技巧

① 将身边的物品从它的一端开始轻轻地触碰、抚摸，这时用心地去感受手掌的触觉。用右手触摸完后再试试用左手，最后试试用两只手一起抚摸吧。左右两只手的感受有何不同？一只手摸和两只手摸感觉也不一样吧？

② 接下来试试用单手或双手轻轻地摸一摸自己的大腿、肩膀、手臂、脑袋、屁股、脸等各个部位，在感受手掌触觉的同时，也去体会一下被抚摸部位（大腿、肩膀等）的感觉吧。

③ 和身边的人两两组队，互相摸一摸对方的后背。用手掌去感受一下对方后背的温度，被抚摸的一方用后背去感受一下他人手掌的温暖。

"触摸自己的身体"是一个非常有用的压力应对技巧。每天哪怕只有一小会儿也可以，去摸摸自己的身体吧。

互相抚摸对方的后背，无论是摸的一方还是被摸的一方，都能感受到一份舒适和安心。因此，它是极为有效的一种减压方式。有机会的话一定要试试哦。但要注意，一定要双方都同意之后才能进行哦！

39 蜷缩在毛毯里
让自己安心

当我们遇见"会威胁到自己人身安全的东西（压力源）"时，就会产生强烈的压力反应。

就像长颈鹿在草原上看见狮子，为了生存会拼命逃跑一样。生命安全受到威胁，会成为强烈的压力源。

另一方面，"人身安全受到保护""某个地方能够让人感到安心"，这样的体验却与"安全受到威胁"的压力体验正好相反，它们能让你的身心都放松下来，打心底感觉到"啊，现在好安心呀""啊，现在这样就很好""啊，我现在很安全"。当我们还在妈妈肚子里的时候，一定也是这样感到安心的吧。

因此，这里要给大家介绍让自己感到安全与安心的压力应对技巧。那就是"让自己蜷缩在毛毯里"。钻进自己平时用的、散发着自己熟悉气味的毛毯，想象自己回到了妈妈的肚子里，你一定会感到很安心、很放松。

练习 蜷缩在毛毯里让自己感到安心

① 钻进自己喜欢的毛毯里，将自己严严实实地包裹起来吧。如果可以的话，连头也钻进去，将身体蜷缩成一个球。

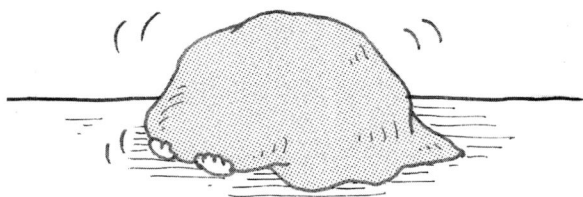

② 现在，想象自己回到了妈妈的肚子里。此刻的自己，是妈妈肚子里一个安心又放松的胎儿。在温暖的肚子里，我们被保护得很好，完全没有任何担心，放松极了。试着在心里小声默念："啊，这里很安全呀！""啊，在这里就能很安心呀！"

啊，这里很安全呀！

③ 充分体会这种安心感，从毛毯里出来后，把毛毯叠放整齐吧。

怎么样？

记住你此刻的安心感吧。然后在日常生活中，当你遇见令你感到胆怯、不安的事情时，试着回想起这种在你做毛毯练习时体会到的安心感。条件允许的话，也可以再一次钻进毛毯里，再一次好好地感受这份安心吧。

40 听喜欢的音乐、唱歌

　　我们的耳朵每天从早到晚都会听到各种各样的声音。有的声音动听悦耳，有的声音嘈杂难耐。比如倾听鸟鸣，细细品味每一种声音，也是一种压力应对技巧。这一节，我们就来体验一些听音乐、唱歌的应对技巧吧。

　　如果你有喜欢的音乐家（艺术家或歌手）、喜欢的歌曲，全身心投入地去听或反复地去听它们，本身就是一种极为有效的压力应对技巧。听的时候，认真去品味传入耳朵的旋律、声音与歌词，从内心中赞叹"这首曲子好棒呀"。如同吃到美食时舌尖会起舞，听到悦耳的音乐时，耳朵也会开心。好好感受耳朵的这份喜悦吧！

　　另外，唱自己喜欢的歌曲也是一种好的压力应对技巧。你可以大声地唱出来，也可以只是小声地哼唱。如果会吹口哨的话，也可以吹口哨。这时，与之前绘画的应对技巧一样，不需要考虑自己唱得好不好，只管大胆地去歌唱吧！

练习 听喜欢的音乐、唱喜欢的歌

① 准备一首喜欢的音乐，闭上眼睛静静地聆听。想象着把自己的身体全部交付给流淌的音乐，当喜欢的音乐传入耳朵时，耳朵高兴极了，说道："真是一首好曲子呀，我好喜欢。"把一首曲子从头听到尾，如果有兴致，可以反复听很多很多遍。

② 试着唱一唱喜欢的歌吧。可以放声歌唱，也可以小声哼唱。还可以试着用口哨吹出自己喜欢的歌的旋律。这期间，不要去想自己"唱得好不好""歌声优不优美""音准不准"等。甚至可以去想"我就是要故意乱七八糟地唱"，带着这份心情快乐地歌唱吧。

③ 反复听了好多遍的曲子、唱了好多遍的歌，是会留在记忆里的，任何时间任何地点你都能在脑海中重新播放它。走路的时候，无聊的时候，夜里睡不着的时候，沮丧不安的时候，没有干劲儿的时候，感到孤单的时候……试着在各种时候在你的脑海中播放你喜欢的音乐吧。

41 试着想哭就哭，想笑就笑

前文提到压力反应有四种，其中之一就是"表现在心情和感情上的压力反应"。所谓"心情和感情"，它们不是出现在大脑里而是出现在心里的一种"情绪"。在第 8 节中我们介绍了许许多多的情绪。

为了更好地与压力相处，时时刻刻注意到当下的心情和感情十分重要。其次，不要压抑这些情绪，将它们表达出来也很重要。无论是好的情绪，还是不好的情绪，你都坦诚地将其表达出来吧。换句话说，就是试着想哭就哭，想笑就笑。

其中，"哭"这一情感表达尤为重要。或许你曾听到过这样的说法"不许哭，哭是懦弱的表现"。但事实绝不是如此。当你意识到自己有悲伤、不甘、孤单等情绪时，要为此流下眼泪，你的感情才能得以释放。哭泣可以治愈你的这些负面情绪。如果你觉得"在人面前哭有些丢脸"，那么请你一定要找一个地方自己一个人尽情地哭。试着通过哭泣让自己沉重的心得以解脱吧。

刻意表达情绪

① 刻意去哭。

追忆过去，回想那些你曾特别悲伤的时刻、难受的时刻、不甘的时刻、孤独的时刻。那些时候，你都是怎样的心情？再次重温当时的心情，当你沉浸其中时，或许你的眼角会渐渐湿润，甚至眼泪可能会夺眶而出。不需要收起你的眼泪，让它们尽情地流吧。

② 刻意去笑。

接下来试着反过来，去回想那些到目前为止你曾最快乐、最惊喜、最搞笑、最兴奋的时刻。那些时候，你都是怎样的心情？再次重温当时的心情，当你沉浸其中时，或许你的嘴角会自然上扬，甚至会因为太搞笑而笑出声来。不需要控制你的笑颜、憋住你的笑声，放心大胆地笑出来吧。

③ 将你的心情与感情自然地表露出来。

在日常生活中，如果产生了某种心情或感情，首先自己要马上意识到，然后不要压抑自己的这些情绪，自然地通过表情将它们表露出来吧。

例 "啊，我现在很孤单呀！"
"啊，现在的我，真的是很烦躁，很生气！"

④ 想哭的时候随时都可以哭。

生活中，我们一定会遇到一些难过的事情、悲伤的事情、不甘心的事情。这些时刻，想哭是人之常情。想哭的时候就痛痛快快地哭一场。被人看到自己哭了，一点儿也不丢人。但如果你无论如何也不想被人看到自己哭的样子，就找个只有自己一个人的地方，为了自己，痛快地哭吧。

第 7 章

与人谈论压力应对技巧

42 将自己的压力应对技巧说给他人听

　　到这里，我们已经介绍了各种各样的压力应对技巧（自我解救的方法）。特别是第 5 章与第 6 章，带大家体验了许许多多利用假想与想象的应对技巧，以及利用行为和身体的应对技巧。学习、尝试了这么多的技巧，现在感觉如何？

　　如果有人说："每个技巧我都很喜欢！全部都想试一试！"那我再开心不过了。但对于大多数人来说，其中一定既有大家喜欢的技巧，也有大家不怎么喜欢的技巧。

　　萝卜白菜各有所爱，各自有各自的喜好非常正常。这里想要拜托各位小读者的是，哪怕不是全部，也一定要尽可能多地选择不同的压力应对技巧，并在日常生活中去使用它们。因为能使用的应对技巧越多，你就越能更好地与压力相处。然后，如果有机会，把你的压力应对技巧说给他人听听吧。说的过程既可以确认自己学会的应对技巧，又能够激发自己继续掌握更多应对技巧的热情与意愿。

将自己的压力应对技巧说给他人听

① 从在本书里学到的应对技巧中，选择至少五个你喜欢的技巧，填入下方空栏中。

② 找某人讲一讲你在①中写下的你中意的应对技巧。你为什么喜欢它们？今后打算如何使用它们？尽可能具体地跟对方讲一讲吧！

哪里令你感到满意	打算如何使用

③ 还记得在第 17 节里你想象出的"能够帮助自己的另一个自己"吗？现在，想象他会努力地使用你在①中写下的压力应对技巧，时时刻刻地去帮助你。现在是不是放心多了？

43 听他人讲述他们的压力应对技巧

　　前一个练习做完感受如何？将自己的压力应对技巧讲给他人听，是不是一件很快乐的事情？

　　除此之外，倾听他人讲述他们的压力应对技巧，其实也是特别有意义且重要的一种体验。每个人都有属于自己的压力，每个人也都在通过自己独特的压力应对技巧去过着自己独一无二的人生。除了自己以外，其他人在生活中遇到压力，是如何解救自己的呢？知道这些，哪怕只是听一听都能让自己受益匪浅。通过倾听他人的压力应对技巧，我们会知道"原来如此，还有这样的应对技巧呀""原来如此，这个办法挺有趣呀，我也要试一试"等，如此一来，我们的压力应对技巧会变得更加丰富。

　　总之，倾听他人讲述他自己的压力应对技巧，跟你向他人讲述你的压力应对技巧一样，都是一件非常愉悦的事情。

当你们遇到不开心的事情时，都是怎么做的？

在床的角落里窝着

吃一大碗饭

和玩偶说话

把废纸揉成一团扔掉

闻树叶的味道

练习 **倾听他人的压力应对技巧**

① 请自己的朋友或家人讲一讲当他们遇到不开心的事情时，都是怎么做的，如果听到你感兴趣的方法，就拜托他们再具体、细致地多告诉你一些吧。

② 在平常的生活中，抓住机会找各种各样的人问一问他们都有哪些压力应对技巧吧。

③ 听完他人的压力应对技巧后，如果有技巧让你觉得"哇，这个技巧太棒了，我也要试一试"，那么记得一定要把它记在笔记本上以防遗忘。通过实践一点一点地增加自己的压力应对技巧。

压力应对技巧举例

将意识到的压力源写在纸上	观看自己喜欢的动画片
将意识到的压力反应告诉妈妈	听自己喜欢的动画片的主题曲
和同学一起玩儿	大声唱自己喜欢的动画片的主题曲
和哥哥一起吃零食	亲手将废纸撕成碎屑
难过时想象出一个人抚摸你的脑袋	回家的路上和同学聊天
感到孤单时拥抱自己喜欢的玩偶	和同学一起玩游戏
表扬自己"你总是很努力，很了不起"	和同学一起去看电影
称赞自己"吃了自己讨厌的青椒，太厉害了"	感受妈妈的气味
深呼吸	吃妈妈做的咖喱饭
摇摆双手	吃妈妈做的炸鸡
想一想暑假要和兄弟姐妹一起玩些什么	闻炸鸡的味道
想一想今年生日想要什么礼物	吃最喜欢的口味的冰激凌
回想到目前为止每个生日收到的礼物都是什么	喝美味的果汁
练一练足球的运球	抱抱妈妈
参观初中生的足球训练	舒服地洗个热水澡
让爸爸带你去看足球比赛	在浴缸中玩一会儿水
在电视上看体育节目	用纸抽盒制作手工艺品
在图书馆阅读喜欢的书	看悲伤的漫画试着让自己哭出来
自制喜欢的冰饮料	看超搞笑的漫画让自己大笑出来
品尝自己制作的小甜点	把自己想象成漫画里的人物

第 8 章

使用应对技巧与压力好好相处吧

44 温习"压力管理"

　　终于到了最后一章啦！本书的目的，是告诉你们与压力更好地相处的思考方式与应对方法，这也叫"压力管理"。无论是谁，活着总会伴随压力。正因为我们活着，才能够感受到压力。因此，希望每一位小读者都能直面压力，更好地与压力相处。而为了与压力更好地相处而使用的这些自我解救的方法，前文中我们将它们称为"应对技巧"。

　　那么，压力是什么来着？对，是像"别人交给我们的行李"一样的东西。然后，压力又可以从"压力源（行李本身）"与"压力反应（别人交给我们行李后自己的反应）"这两个方面去理解。意识到这些压力源与压力反应，将它们写下来或说给他人听都能成为我们的应对技巧。另外，不要自己一个人去对抗压力，要及时地寻求身边人的帮助。最后，我们一起学习掌握了许许多多"假想与想象上的应对技巧"与"行为与身体上的应对技巧"。

　　至此，关于"压力管理"中的重要知识我们就已经全部学完了。

① 复习第 1 章。"压力"和"压力源"各是什么？

② 复习第 2 章。"压力反应"是什么？具体来说有哪些？

③ 复习第 3 章。再次确认，你可以得到哪些援助？

④ 复习第 4 章。"应对技巧"是什么？

⑤ 复习第 5 章。"假想与想象上的应对技巧"是什么？具体来说有哪些？

⑥ 复习第 6 章。"行为与身体上的应对技巧"是什么？具体来说有哪些？

45 与自己约定，从今往后也要一直好好地与压力相处

今天是最后一堂课。这段时间，一直努力学习压力应对技巧的你辛苦啦。但是，现在还没有到说再见的时候。与其说是结束，不如说接下来才是真正的开始。如果说人生一直伴随着压力，那么只要还活着，我们就必须一直坚持实践"压力管理（与压力好好相处）"。与吃饭、睡觉一样，希望你们把压力管理作为每天都会去做的"理所当然的事情"。

或许有人会觉得"哎呀，压力管理好麻烦呀"，但如果现在就及早地掌握了压力管理的思考方式与应对方法，在你长大成人后，它们会成为你巨大且宝贵的财富。压力管理的知识与方法，能让你的人生更健康、更快乐。

好不容易学到现在，掌握了这么多知识与方法，从今往后将它们继续坚持下去，让它们真正成为你自己的东西吧。

然后，坚韧而乐观地过好每一天吧。

自我解救宣言书

我_____在此对自己宣誓：

从今往后，我会以在本书中学到的思考方式与应对方法为基础，灵活运用各类压力应对技巧，永远帮助自己。

签名 _____

年　　　月　　　日

后记

再次感谢各位读者选择本书。这不仅是一本需认真阅读的书，更是一本需要"实践"来真正理解其价值的工具书。使用后的感觉如何呢？可能在练习过程中，你会发现有些部分容易掌握，而有些则难以理解，这都很正常。正如书中所提到的，关键是及时意识到自己的压力（包括压力源和压力反应），之后，只需选择自己喜欢的应对技巧来应对它们即可。

原则上，掌握更多的压力应对技巧总是更好的。因此，你可以暂时将那些你不喜欢的应对技巧搁置一旁，同时寻找更多你感兴趣的方法。在日常生活中，时刻提醒自己"我现在正在使用这个技巧来缓解我的压力"，并坚持实践，这样做可以持续提高你的压力管理能力。

如果有成年人疑惑："这是一本面向儿童的书，我这个大人看它干什么？"请回想我在"致家长和教育从业者"中所写的内容。在孩子阅读和实践之前，作为成年人的你也应该亲自体验这些练习。只有当你自己亲身体会并掌握了这些内容，你才能更有说服力地将这些知识和技巧传授给孩子。

掌握了本书中讲述的基于认知行为疗法的心理治疗方法，不仅能更好地管理压力，还能预防抑郁症等精神健康问题，甚至可以帮助经历过抑郁症的人防止复发。因此，我希望各位成年读者通过学习认知行为疗法，在让自己生活得更充实的同时，也能作为一个熟练的大人去支持孩子们的学习实践。

坚持实践本书介绍的 45 个练习中的认知行为疗法技巧至关重要。长时间不驾驶，驾照便成了无用纸片；长时间不练习，手指也会变得生疏。压力管理也是如此，这些技巧如果长期不练习，效果也会减弱。因此，请在日常生活中坚持使用它们。同时，成年人也应时不时地确认孩子是否在坚持练习这些技巧。如果他们坚持练习，务必用具体的语言明确表扬他们。

　　因坚持实践而受到表扬的孩子会感到获得了鼓励，从而更有动力持续使用这些技巧。想象一下，当这些孩子长大后，他们可以作为成年人重新与本书相遇，并将其传授给他们的孩子。这将是一件多么美妙的事情！

伊藤绘美

附录 1：各项训练的任务与目标

项目	任务	目标
第 1 章　压力和压力源		
1	"压力"是什么	首先要清楚地理解"压力"的概念
2	与压力好好相处	知道我们要做的并不是消除压力，而是如何更好地与压力相处
3	"压力源"是什么	理解"压力源"的概念
4	时时刻刻意识到当下的压力源	知道时时刻刻及时地得知自己的压力源十分重要
5	将压力源写下来或讲给他人听	了解将压力源写下来或讲给他人听对自己很有帮助
第 2 章　时刻注意我们的压力反应吧		
6	"压力反应"是什么	理解"压力反应"的概念
7	注意出现在头脑中的压力反应	知道表现在认知领域（想法与想象等）里的压力反应
8	注意表现在心情或感情上的压力反应	了解关于表现在自己心情和感情上的压力反应
9	注意表现在身体上的压力反应	了解关于表现在自己身体上的压力反应
10	注意表现在行为上的压力反应	了解关于表现在自己行为上的压力反应
11	时时刻刻意识到自己的压力反应	知道时时刻刻及时地得知自己的压力反应十分重要
12	掌握"正念"思维	了解正念减压法并掌握其技巧
13	将压力反应写下来或讲给他人听	了解将压力反应写下来或讲给他人听对自己很有帮助
第 3 章　寻找能够援助自己的人和物		
14	理解"援助"的必要性	理解向他人寻求援助的重要性
15	确认并增加能够援助自己的人	确认现在能给予自己援助的人，寻找今后能够增加的可以给予自己援助的人
16	想象能给予自己援助的人或物	了解只是想象这些能够给予自己援助的人或物也会对自己很有帮助
第 4 章　压力应对技巧		
17	"应对技巧"是什么	理解"应对技巧"（自我解救）这一概念及其重要性
18	到目前为止的所有练习都是应对技巧	理解自己到目前为止的行为都是应对技巧这件事
19	写出自己现在已经掌握的应对技巧并确认	将自己现在所掌握的应对技巧外在化并加以确认
20	"假想与想象上的应对技巧"是什么	了解可以利用认知（假想与想象）应对压力

第 5 章	增加假想与想象上的应对技巧吧	
21	在头脑中安慰自己	掌握安慰自己这一认知性应对技巧
22	在头脑中激励自己	掌握激励自己这一认知性应对技巧
23	在头脑中表扬自己	掌握表扬自己这一认知性应对技巧
24	在脑海中捡起美好的回忆	掌握唤起过去积极体验这一认知性应对技巧
25	在脑海中制订快乐的计划	掌握对未来进行积极计划这一认知性应对技巧
26	让脑海中浮现喜欢的人和风景	掌握想象喜欢的人和风景这一认知性应对技巧
第 6 章	掌握更多行为与身体上的应对技巧吧	
27	"行为与身体上的应对技巧"是什么	了解可以利用身体和行为应对压力
28	在纸上写出压力源与压力反应	掌握外在化(写在纸上)这一应对技巧
29	解决问题	掌握认清问题并解决这一应对技巧
30	找人倾诉、寻求他人帮助	掌握借助于他人这一应对技巧
31	做你喜欢的、能让你感到开心的事情	掌握利用自己喜欢的事情这一应对技巧
32	掌握呼吸法	掌握利用呼吸这一应对技巧
33	品尝喜欢的美食	掌握利用喜欢的美食这一应对技巧
34	与玩偶拥抱、聊天	掌握利用玩偶这一应对技巧
35	试着将纸巾或废纸撕碎	掌握动用双手干精细活这一应对技巧
36	绘画、涂鸦、制作手工艺品	掌握绘画、涂鸦、制作手工艺品这一应对技巧
37	闻各种东西的气味	掌握利用嗅觉这一身体感觉的应对技巧
38	抚摸各种各样的物品	掌握利用触觉这一身体感觉的应对技巧
39	蜷缩在毛毯里让自己安心	掌握利用毛毯让自己安心的应对技巧
40	听喜欢的音乐、唱歌	掌握利用音乐的应对技巧
41	试着想哭就哭,想笑就笑	掌握使用情感表达和表情的应对技巧
第 7 章	与人谈论压力应对技巧	
42	将自己的压力应对技巧说给他人听	体验将自己的压力应对技巧说给他人听的乐趣
43	听他人讲述他们的压力应对技巧	体验倾听他人讲述压力应对技巧的乐趣
第 8 章	使用应对技巧与压力好好相处吧	
44	温习"压力管理"	复习本书的全部练习
45	与自己约定,从今往后也要一直好好地与压力相处	给予自己更多今后管理压力的原动力

附录 2：压力外在化用表

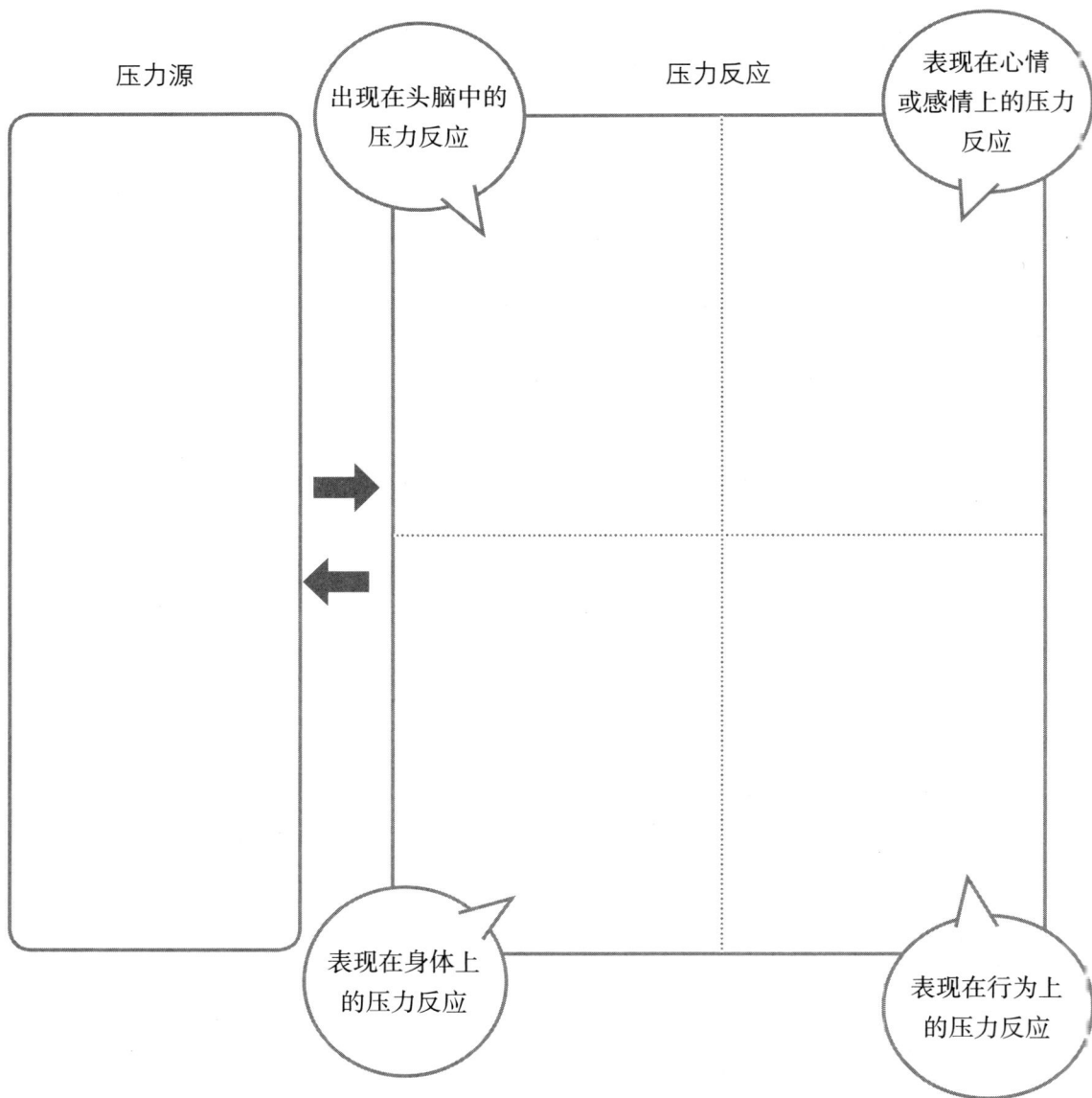

压力源

压力反应

出现在头脑中的压力反应

表现在心情或感情上的压力反应

表现在身体上的压力反应

表现在行为上的压力反应

问题解决用表

★问题是什么

★为了解决这个问题我们能做些什么（头脑风暴）

★看起来有效的措施

★解决方案

★实施解决方案